亚热带森林
典型凋落物分解特征
及其驱动因素研究

赵 畅　姜 涵　张明江　著

中国农业科学技术出版社

图书在版编目（CIP）数据

亚热带森林典型凋落物分解特征及其驱动因素研究 / 赵畅，姜涵，张明江著. -- 北京：中国农业科学技术出版社，2025. 6. -- ISBN 978-7-5116-7459-3

Ⅰ. S718.55

中国国家版本馆CIP数据核字第 2025ED1652 号

责任编辑 李　华
责任校对 李向荣
责任印制 姜义伟　王思文

出 版 者 中国农业科学技术出版社
北京市中关村南大街 12 号　　邮编：100081
电　　话 （010）82109708（编辑室）　（010）82106624（发行部）
（010）82109709（读者服务部）
网　　址 https: // castp.caas.cn
经 销 者 各地新华书店
印 刷 者 北京建宏印刷有限公司
开　　本 170 mm × 240 mm　1/16
印　　张 13
字　　数 220 千字
版　　次 2025 年 6 月第 1 版　　2025 年 6 月第 1 次印刷
定　　价 85.00 元

序

凋落物被认为是森林生态系统物质循环过程中的重要媒介，是维持土壤养分的重要来源库和归还库，在农业和现代园艺中也发挥着重要作用。凋落物分解是有机物转化为无机物的过程，为分解者提供物质与能量来源，同时将光合作用产生的养分回归到土壤中供植物吸收并再次利用。在全球尺度上，森林生态系统年总碳通量的70%是通过凋落物分解提供的，且土壤二氧化碳释放通量随凋落物生物量的增加而增加。因此，凋落物生物量及凋落动态间接反映了生态系统生产力与分解间的平衡，也可以作为全球气候变化的响应因子之一。

亚热带森林凋落物性质及其分解特性是生态环境科学领域研究的热点问题之一，太阳辐射、土壤理化性质、动物、微生物等对凋落物分解的影响机制也越发引起重视。除土壤中的凋落物分解过程外，生态系统中有相当一部分植物的衰老叶片会保持站立一段时期，由于其特殊的站立过程可能会引起与传统落叶形式不同的分解及生态影响，人们对亚热带森林生态系统中立枯凋落物种类及其动态也知之甚少。因此，对亚热带森林凋落物特性的深入研究有助于调节和改善各种限制因素，从而提高森林生态系统养分循环利用速率和生产力，对森林生态系统维持地表养分、生态恢复等具有一定的现实意义。同时，可为亚热带森林资源保护、生态可持续利用与发展、维护生态系统平衡及森林生物多样性保护提供科学依据。

本书依托河南省科学院科研启动项目（231801029，241801095）、河南省联合基金项目（225200810119，225200810047）、河南省科学院基本科研项目（240601073，20250601009）、河南省科技厅科技攻关项目（252102111088）的资助，以江苏南京紫金山和贵州茂兰喀斯特森林为主要研究区，分别围绕立枯凋落物和传统凋落物的分解特征和影响因素，探究典型凋落物分解过程中的质量损失、养分释放动态变化，以及光降解、土壤动物和微生物的影响机制。

全书共十一章，分为上篇和下篇，第一章、第二章主要阐述亚热带森林生态系统凋落物分解现状及影响因素，引出本书研究意义与研究内容（由赵畅、姜涵撰写）；上篇通过野外调查法评估紫金山立枯凋落物的种类、生物量，分析立枯现象在亚热带森林系统中的比重，通过凋落袋法对立枯凋落物的降解动态进行原位分析，阐明立枯凋落物的光降解机制（第三章、第四章、第五章由姜涵撰写）；下篇通过凋落物原位分解明确喀斯特森林凋落物的时空分布特征、分解速率及养分动态变化（第六章由赵畅撰写），分离与鉴定凋落物袋中土壤动物的种类与多样性，阐明土壤动物对凋落物质量损失和养分释放的影响（第七章、第八章由张明江撰写），理清不同干扰程度及植被演替状况下的土壤微生物群落组成和多样性，探究亚热带森林典型区土壤微生物对凋落物分解的影响机制（第九章、第十章、第十一章由赵畅撰写）。全书由赵畅统稿，在前期确定研究内容、布设研究样地、采集样品、分析测试、初稿形成阶段受到贵州师范大学龙健教授、黄博聪博士及河南省温县农业科学研究所邓如海老师、白自伟老师的指导，在后期文稿校对、文献整理的过程中，受到河南省科学院地理所钱发军研究员、任杰研究员、文春波研究员、胡婵娟副研究员、李双权副研究员、张中霞副研究员、郝民杰副研究员及王勇、鄢创、王晓艳、高近娟、朱梦克、刘鹏等多位博士的协助，感谢各位参与者的帮助和支持。

本书的出版期望能为进一步研究亚热带森林凋落物分解机制提供理论参考，也为从事生态学、土壤学等相关领域的研究工作者及相关管理部门提供借鉴。鉴于著者能力水平有限，不足之处有待提高，敬请读者不吝赐教。

著　者

2025年5月于郑州

目　录

1　亚热带森林生态系统凋落物分解现状

1.1　凋落物的组成

凋落物是指森林生态系统内由生物组分产生并返还到林地表层的有机物质的总称，一直是国内外生态学者探讨的热点之一（王凤友，1989）。一般森林生态系统中凋落物包括林内地表上植被产生的枯枝、落叶、繁殖器官、落皮、林下枯死草本植物及根，以及野生动物残骸、代谢产物，还包括从活植物体中分离的死植物体（廖军和王新根，2000；林波 等，2004；Krishna and Mohan，2017）。研究者根据凋落物的大小将其分为两类，一类是直径小于2.5 cm的凋落物，包括落叶、落枝、死根、果实等植物组织及代谢产物；另一类是直径大于2.5 cm的凋落物，也称粗死木质残体，包括枯枝、倒木、枯立木等（林波 等，2004；赵鹏武，2009）。凋落物根据其分解状态可以分为未分解层、半分解层和完全分解层。未分解层，指刚凋落的和地表上外观基本保持完整的落叶；半分解层，指落叶已经碎片化，且落叶组织变灰变黑，质地软化开始分解，可见大量白色菌丝；完全分解层，枯枝落叶已完全分解，呈黑褐色碎屑状，即将形成腐殖土（杨丽丽 等，2015）。因此，常说的枯枝落叶层是指未分解层的凋落物，而腐殖质层包括半分解层和完全分解层以及腐殖土。地上植被通过根系吸收土壤养分以满足自身生长需要，通过季节性落叶及抗病害性落叶等生理特征将含有养分的凋落物、死根等归还土壤，营养元素则通过土壤动物及微生物对凋落物、死根等的分解作用浸出到土壤并扩散到大气中（图1-1），反映了森林生态系统的能量物质循环过程。因此，凋落物被认为是森林生态系统物质循环过程中的重要媒介，是维持土壤养分的重要来源库和归还库（Krishna and Mohan，2017），而且在农业及现代园艺中常见到覆盖植物凋落物，用于防止土壤冻结和土壤侵蚀、防止杂草蔓延、改善矿山复垦、保持水分和减少蒸散发、改善森林生态系统等（Gartner and Cardon，2004；Giebelmann et al.，2013）。

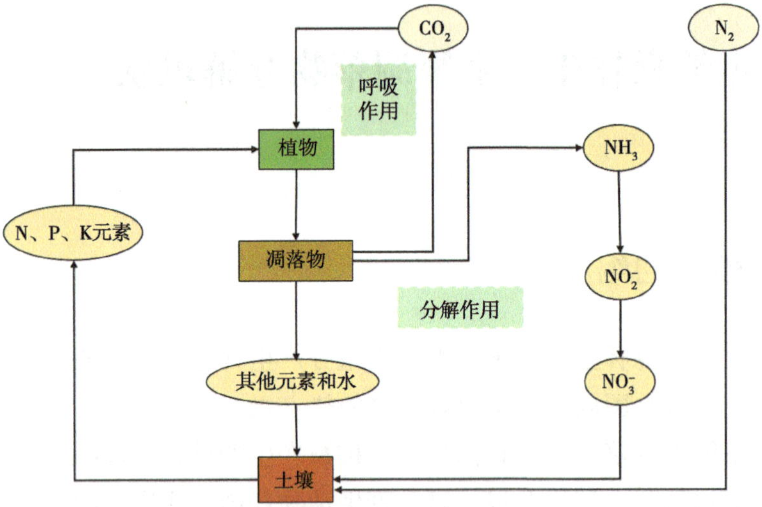

图1-1　凋落物在物质循环中的作用（改自Krishna and Mohan，2017）

凋落物的组成、生物量、养分含量及分解速率随植被类型、生境条件等的不同而产生差异，并显著影响土壤肥力、土壤理化性质及土壤微生物群落结构（彭少麟和刘强，2002）。大量文献对常绿阔叶林、针阔混交林、落叶针叶林及人工林等多种林型的凋落物生物量进行了研究，发现凋落物生物量显著受地带性、森林类型及水热条件等因素的影响（Zhang et al.，2018；Parsons et al.，2014；Becker et al.，2015）。在全球尺度上，森林生态系统年总碳通量的70%是通过凋落物分解提供的（Meier and Bowman，2008），且土壤CO_2释放通量随凋落物生物量的增加而增加（Raich and Tuferkcioglu，2000）。因此，凋落物生物量及凋落动态间接反映了生态系统生产力与分解间的平衡，也可以作为全球气候变化的响应因子之一。

1.2　凋落物的分解过程

在陆地生态系统凋落物分解的研究中，土壤被认为是凋落物开始分解的重要场所，研究重点通常集中在凋落物与土壤接触后的降解过程。生态系统碳（C）和养分循环由生产和分解这两个基本过程驱动，凋落物分解对陆地生态系统的碳平衡起着至关重要的作用（Kyle et al.，2012）。据统计，世界范围内凋落物的数量占地球总生物量的90%以上，其中枯叶凋落物为主要组成部分。凋落物分解是有机物转化为无机物的过程，为分解者提供物质与能量来源，同时将光合作用产生的养分回归到土壤中供植物吸收并再次利用，凋落物作为养分的重要载体，其分解过程是陆地生态系统中养分返回土壤的重要途径，是连接地上与地下养分循环的“桥梁”。

凋落物分解是物理、化学及生物3种过程共同作用的结果，其分解过程包括3个阶段，几乎同时进行。凋落物粉碎、淋溶、分解代谢，这是地球生物化学循环的重要环节，具有独特的生态功能。凋落物粉碎指凋落物的碎片化，即通过土壤的干湿交替、冻融交替、土壤动物及人类活动等物理作用将完整的凋落物、大块凋落物分解成较小的、破碎的凋落物，为分解者创造了新的表面积；淋溶指凋落物中可溶性物质因雨水的冲刷作用而转移到下层土壤中，供分解者进一步处理；分解代谢指凋落物被分解为植物可吸收的无机营养物质，主要是指分解酶驱动的分解过程（何平，2017）。森林凋落物作为总的初级生产力维持整个森林生态系统结构和功能，经过土壤动物、真菌、细菌、放线菌等分解者及各种酶系统的辅助进入土壤，最终将复杂的有机化合物分解转化为简单的盐类分子和能被植物吸收的物质，从而构成了生物与土壤间的物质循环，不仅维持养分平衡，同时对土壤质量的恢复和提高及森林生态系统的稳定都具有重要作用。

根据凋落物分解的难易程度可将其分解过程分为两个阶段，第一阶段是易分解阶段，在此过程中凋落物将迅速丧失易溶性化合物（包括淀粉、氨基酸和糖类等），N、P、S等元素的浓度对此阶段分解速率起重要影响作用，此阶段一般持续几个月；第二阶段是难分解物质的分解过程，主要是木质素和纤维素的分解过程，该阶段分解速率较慢，甚至分解后期分解速率接近于零（Swift et al.，1979；郭剑芬 等，2006；陆梅 等，2010）。凋落物在分解过程中体积逐渐变小，凋落物中的有机物被矿化成为无机物并释放到土壤中，其中70%～87%的营养元素用于植被生长，凋落物释放的总钾含量是植被生长所需总钾量的30%～40%，释放的总磷含量占植被生长所需总磷量的65%～80%（杨万勤 等，2007）。

除土壤中的凋落物分解过程外，生态系统中相当一部分凋落物在掉落至与土壤或水体表面接触之前会经历一段时间的立枯过程（Méndez et al.，2019）。凋落物立枯指的是植物叶片因衰老、机械损伤等原因枯死后并不会立刻掉落离开母体，而是依旧悬挂、依附在植物上保持站立状态较长一段时间。立枯现象在草本及灌木植物中较为普遍，并在干旱生态系统中被广泛报道（Wang et al.，2009）。在草原生态系统中，立枯凋落物主要由草本及灌木植物地上的枯死部分组成。此外，凋落物的立枯现象在湿地生态系统中也较为常见（Pu et al.，2014）。湿地生态系统中多数大型挺水植物的水上挺立部分死亡后，通常叶子不会掉落且茎秆依旧保持挺立很长一段时间才会塌陷至水中。森林环境中，大多数非常绿树种的叶子通常在每年秋季衰老并掉落，然而有一些树种的叶子会保持立枯，直到第二年新叶展开后枯叶才会掉落，例如山毛榉和栓皮栎（Angst et al.，2017）。凋落物立枯延迟叶片掉落，除改变生态系统的落叶模式外，也会通过影响光的可用性以及养分循环来降低植物的繁殖及生产力，从而导致土壤碳输入模式以及动物取食方式的改变而引发更广泛的生态影响（Mingo and Oesterheld，2009）。

关于立枯现象的形成原因至今并未达到广泛的共识，Otto和Nilsson（1981）认为保留植物的枯死叶片可以为树木提供更长的时间从枯叶内吸收养分用于自身生长，但是这种说法受到了Abadía等（1996）以及Dunberg（1982）研究的挑战。Abadía等（1996）提出凋落物的立枯现象是光合作用活跃的叶片受到低温的影响突然死亡导致的。由于叶片脱落部位的离层尚未形成，叶片的生理脱落过程受到阻碍，只能待第二年春季新叶长出后将附着的枯死叶片替换取代。Mingo和Oesterheld（2009）发现在有大型食草动物取食的情况下，保留枯叶的植物比去除枯叶的植物生长得好，因此他们从植物生长策略的角度提出植物保留枯死的叶片是为了抵御大型食草动物的取食。

1.3 凋落物的元素释放

凋落物分解是一个元素释放的过程。分解过程中元素的释放速率及释放模式，决定了该生态系统的养分循环特征，也会影响土壤中有效养分的供给情况。凋落物养分的释放受其种类及养分性质的影响，凋落物分解过程中常见的养分释放模式有以下几种。

1.3.1 淋溶—释放模式

该模式的养分含量显示为连续下降的变化。这种动态模式包括2个阶段，一是分解初期快速淋溶阶段；二是分解后期缓慢释放阶段。最初的2～6个月内，主要受物理作用的影响，如K、Na在分解过程中通过淋溶—释放模式释放，多数阔叶树种的Mg、Ca也遵循此模式释放（Hansen et al.，1998）。

1.3.2 淋溶—富集—释放模式

该模式下的凋落物养分含量表现出下降—上升—下降的变化趋势。在最初2～3个月的淋溶阶段，养分含量逐渐降低，紧接着表现为明显的富集现象。大多数针叶树种的N和P在凋落物分解过程中通过此模式释放（Berg et al.，2003；Moro and Domingo，2000）。

1.3.3 富集—释放模式

这种模式下的养分含量变化表现出先上升而后下降的趋势，其养分含量没有快速淋溶阶段，一般分为初期的富集阶段及分解后期的释放阶段（许晓静 等，2007）。富集时间和富集强度取决于养分种类、凋落物质量以及外界环境条件。凋落物（如色木槭、蚊母树、野桐等）的N和P以及重金属元素（如Fe、Al、Mn、Pn、Cu、Zn等）以富集—释放的模式释放。

凋落物中的Na、K元素通常以离子形式存在于细胞液中，迁移能力强，分解初期易受淋溶的强烈影响表现出早期的迅速丢失（Osono and Takeda，2004）。此外，凋落物中的重金属元素由于分解中的微生物固定或者通过化学作用与腐殖酸类物质结合形成高度稳定的螯合物而在分解初期呈现出明显的富集效应，直到分解后期才会被释放（Rustad and Cronan，1988）。Ca和Mg长期以来一直被认为是植物能量代谢、光合作用和膜运输的必需常量营养元素，凋落物分解是生态系统中植物获取Ca与Mg元素的重要途径（Berg and McClaugherty，2008）。但二者的释放模式受到树种或者环境的影响，在阔叶树种与针叶树种之间表现出了相反的释放趋势（Osono and Takeda，2004；Yue et al.，2021）。

1.4 森林凋落物分解的研究方法

定量化研究凋落物的分解状况是当前研究的重要趋势，被公认为反映自然现象的最佳方法。众多学者在研究凋落物分解过程的实验中，创新性地构建了多种凋落物分解模型，包括综合平衡法、凋落袋法、网罩法、栓系叶法、群组分层筛查法、室内培养法（微缩实验）、同位素法等，这些方法具有各自的特点与优势（表1-1）。

表1-1 凋落物分解研究方法

研究方法	概念	特征	参考文献
综合平衡法	根据枯落物分解模型（一般采用Olson模型）建立凋落物积累量与历年凋落物残留量之间的物量平衡方程	可以采用试算法通过计算机得出反映整个生长历史时期内枯落物分解的平均速率，但需要事先建立树木胸径生长模型和叶生物量预测模型	Olson，1963；刘增文，2006
凋落袋法	用尼龙网袋装入一定的凋落物叶、茎放在土壤表面，然后定期回收凋落袋，阴干后测定所剩凋落物质量，计算干重损失率或残留率	可以最大程度地模拟自然条件下凋落物的分解状态，但是耗时较长（1～3年），所得结果只能反映实验时段的分解状况，不能任意外推	曾锋 等，2010；Li et al.，2012
网罩法	用尼龙网纱和铁线制成网罩，将凋落物装入其中，罩脚插入土中	与凋落袋法相似，可以不改变凋落物的分解环境，但其不好隐藏，被人为破坏的概率极大，该方法未得到普及	卢俊培和刘其汉，1989
栓系叶法	将凋落叶放在凋落袋中，用尼龙线或单丝钓鱼线将特定的叶子或一组叶子绑在一起。一片特定的叶子或一组叶子通过尼龙线或单丝钓鱼线系在一起（线系在叶柄上以保持稳定）	方便深入了解凋落物腐烂的初始阶段，但不能用于微生物凋落物的分解，允许大型动物进入，这种方法会高估衰减率	Vitousek et al.，1994
群组分层筛查法	也叫凋落物夹层法，通过这种技术，多层筛网被用于分离森林表面连续的凋落物层，其中落叶层在先前的凋落物层上就地腐烂	适用于长期衰减研究（3年或者更长时间）	Binkley，2002

（续表）

研究方法	概念	特征	参考文献
室内培养法（微缩实验）	一般是指在实验室，根据研究对象以及目的，快速设计各种分解实验方案并进行实验，可在较短时间内得出结果	该方法的缺点是所得数据为非自然状态的结果，不能真实反映实际状况，只具有相对意义	赵晶晶 等，2017 廖利平 等，1997
同位素法	利用同位素示踪技术研究凋落物分解过程中物质循环的重要方法，一般采用^{15}N和^{14}C标记法	可以排除人为干扰因素，测定的数据与真实值最接近，但使用同位素方法需要专业的仪器以及特别培训的人员，使用成本昂贵	喻阳华 等，2018 王天娇，2019

凋落袋法操作简单、可回收二次利用，是测定植被凋落物分解速率方法中最常用的一种（梁东 等，2019）。凋落袋网孔大小的选择会显著影响分解者的种类和活动，进而影响凋落物的分解速率。过小的网孔尺寸会限制动物分解者进入凋落袋进行粉碎作业，并降低透气性；而过大的网孔则可能导致凋落物碎片流失到土壤中，从而影响实验结果的准确性。因此，选择合适的网孔大小和凋落袋尺寸应根据具体的研究对象和目标来决定。目前尚无统一的标准凋落袋规格。一般来说，针叶林凋落物采用较多的是孔径为0.5 mm的凋落袋，阔叶林凋落物采用的是孔径为1.5 mm的凋落袋（林波 等，2004）。如张崇邦等（2003）对亚热带七子花落叶的研究中，就采用0.5 cm、0.2 cm和0.1 cm 3种凋落袋进行凋落物分解的分析；包剑利等（2015）对长白山牛皮杜鹃凋落物进行研究时，采用4 mm、2 mm和0.01 mm 3种网孔凋落袋来控制不同体型的土壤动物的参与。目前来说，凋落袋法可以最大限度地接近原生长环境，且不会对环境造成污染。

1.5 森林凋落物—土壤系统研究现状

在植物—凋落物—土壤系统的养分循环中，植物群落作为主动因子，从土壤中吸收养分形成有机体，然后养分随死亡有机体落到地表，并主要以有机体形式归还土壤（兰长春，2008）。凋落物作为养分的基本载体，在养分循环中是连接植物与土壤的“纽带”（林波 等，2004），对森林生态系统的有机质储存和养分循环等起着重要作用，是森林土壤肥力的自然来源之一（Krishna and Mohan，2017）。凋落物分解是森林生态系统能量流动和物质转移中必不可少的一个过程（Hou et al.，2005；Kotilainen et al.，2004；Milton and Kaspari，2007），已越来越引起林学、生态学、微生物学、土壤学家以及森林经营工作者的重视（Berg，2000；李宜浓 等，2016；徐胜 等，2017），其分解速率可以准确地预测土壤质量和生产力，同时也可以表征植被演替、土壤养分有效性及土壤动物数量（Knoepp et al.，2000）。

虽然早在1876年，德国的Ebermayaer就开始对森林凋落物的产生和化学组成进行了经典研究，之后国外许多学者大量报道世界范围内森林凋落物的分解及养分释放。但是直到20世纪50年代，森林凋落物才得到全面系统的研究。凋落物含有不同的成分，包括可溶性成分、半纤维素、纤维素和木质素，凋落物的每种成分都有各自的分解速率。凋落物的分解通常是在实验室或在野外培养一段时间后，测定初始凋落物的质量残留量。Olson在1963年提出枯落物指数衰减的经典模型，指出凋落物的质量残留随着时间呈指数下降，且至今仍被广泛应用于描述各种类型凋落物的分解问题中（Olson，1963）。Swift于1979年出版了关于陆地生态系统凋落物分解的专著——《陆地生态系统的分解过程》，将基质与环境作为一个系统，对凋落物的分解进行了阐述。随着对全球气候变化的广泛关注，20世纪90年代针对气候变化背景下凋落物分解的研究也得到广泛开展。

国内近年来对森林凋落物的分解研究也比较活跃，目前有关森林凋落物的研究主要集中在不同森林类型凋落物的总分解速率、年凋落物量及其组成、季节动态、营养元素计量和凋落物动态影响因子等方面（赵晶晶 等，2017），而详细涉及某个元素在分解过程中的变化规律的实验报道较少，目前尚处于积累阶段，且由于实验材料性质（如树种的差异、凋落物自身性质的差异）以及研究者实验设计思路的不同，相互之间尚难进行较多的细致比较。进一步的研究应当注意与已有的实验研究之间的可比性，以期得出更具普遍意义的结论（李海涛 等，2007）。研究森林凋落物养分元素的分解规律不仅能阐明生态系统物质循环机制，而且对指导生产实践、调节和改善各种限制因素、提高养分元素的循环利用速率和最大限度地提高生态系统的生产力具有重要作用；对于深入理解森林生态系统的结构、功能，认识森林生态系统中群落的形成、演替，科学合理地经营森林也具有重要意义（曹建华 等，2007）。

土壤微生物数量巨大，种类极其丰富，其群落组成和功能结构对土壤形成、物质循环和能量流动等有重大影响。土壤动物可通过自身的代谢活动，将所食凋落物的10%～37%以粪粒的形式归还土壤，改变土壤的物理性质，使土壤保持较多的水分以及具有较高的表面积/体积（比面值），从而增加土壤微生物与凋落物的接触面积，促进凋落物的分解，凋落物质量对土壤净氮矿化效应有良好而普遍的指示作用，与土壤全氮矿化呈正相关。土壤环境与凋落物的分解联系紧密，凋落物的分解对土壤的形成、发育及肥力等至关重要。因此，凋落物是植物和土壤之间的联系纽带，是地上和地下生物多样性相互作用的媒介，也是联系地上和地下生态系统的重要桥梁（Ponge，2013）。影响凋落物分解的因素主要集中在凋落物性质、气候条件、土壤微生物以及微生物和土壤动物之间的食物网关系。因此，凋落物分解在生态系统物质循环中的作用也是生物成土方面研究的前沿及重点内容。

2　影响凋落物分解的生物与非生物因素

Tenney和Waksman（1929）提出凋落物分解过程受4个方面因素的调控，一是凋落物有机质的化学组成（凋落物质量）；二是可供微生物使用的充足氮源；三是活跃的微生物；四是适宜降解进行的环境条件，例如充足的空气、水分供应，适宜的土壤以及温度条件。在接下来的几十年中，研究者们对生态学中控制凋落物分解的影响因子日益关注，展开了一系列研究，从气候、林下植被情况、土壤环境、土壤微生物和动物、温度等外因，以及凋落物组成、凋落物质量等内因对凋落物分解的影响作用方面，开展了详细的调查（曹荧和肖文娅，2015），凋落物分解的影响模型得到发展。从目前的研究结果来看，凋落物分解速率取决于气候、海拔、植被类型、凋落物自身的物理和化学性质、土壤化学、地形、微生物、土壤动物等因素。学者们将影响凋落物分解的一般因素归纳为4类，即环境（如海拔、太阳辐射、水分、pH值、温度）、资源质量（如凋落物质量、植被类型等）、土壤生物（土壤动物、微生物）、人类活动（如抚育间伐、人工种植等）（Krishna and Mohan，2017）。

2.1　气候对凋落物分解的影响

气候对凋落物分解的影响一直是凋落物分解领域的研究焦点之一，常见的气候因子包括温度、湿度、降水（降水频率、降水总量）、太阳辐射、风力等，被认为是调节全球区域尺度上凋落物分解速率的主要控制因素（Meentemeyer，1978）。随着气候带的变化，凋落物分解速率在全球范围内随热带、亚热带、温带、寒温带呈现递减趋势（郭剑芬 等，2006）。气候因素通过直接和间接两条途径影响凋落物分解速率。一方面，土壤中的生物过程对环境条件例如温度、水分等十分敏感，气候变化可以通过直接作用影响生物群落的活性以及生物矿化的效率来决定凋落物分解进程的快慢；另一方面，气候变化可以改变地上植物群落间接地影响凋落物的输入质量，并通过地上与地下系统间的反馈影响土壤生物结构及数量，从而间接地调控凋落物分解进程（Garcia-Palacios et al.，2013）。

绝大多数研究认为温度与凋落物分解速率呈正相关关系，温度升高引起微生物活性增强及其酶的快速产生，土壤酶在生态系统有机质分解和养分循环中具有重要作用，因此在一定范围内的增温会加快凋落物的分解进程（Liu et al.，2017）。水分同样是影响生物活性十分重要的环境因素。降水主要通过淋溶作用使得凋落物中的可溶性组分浸出从而加快凋落物的损失。可溶性组分的淋溶损失是决定凋落物前期分解速率十分重要的过程（Berg and Staaf，1980）。凋落物中较高的含水量可以刺激微生物更加活跃，加速凋落物分解过程（Wang et al.，2017）。但是，过量的降水会由于减少环境氧气含量而对微生物产生负面影响，环境中频繁的干湿交替会通过增加凋落物的物理破碎而加速凋落物分解（王雅婷和卢剑波，2017）。

暴露于太阳辐射下的凋落物会发生光降解现象，光降解的化学分子机制包括直接光降解和间接光降解（图2-1）。作为光敏化合物，木质素能够吸收太阳辐射导致该分子破碎或分子间电子转移，通过直接光降解矿化产生碳基气体（如一氧化碳和二氧化碳），同时产生小分子可溶性有机化合物（Austin and Ballare，2010）。此外，光敏剂吸收太阳辐射后还可以通过间接光降解将能量转移至其他分子产生反应中间体，进而改变非光敏性分子或者光敏剂本身的化学性质。例如，木质素中的发色结构可以作为光敏剂，促进不吸收光辐射的化合物例如非发色木质素、纤维素或者半纤维素发生化学转化（King et al.，2012）。经过光降解后的凋落物的物理化学结构也会发生相应变化，从而增加微生物胞外酶的可及性，有利于微生物快速分解，这一过程被称为光易化（Méndez et al.，2019，Berenstecher et al.，2020）。太阳辐射主要通过光降解与光易化途径实现对有机质分解的加速过程。

自20世纪90年代起，植物生理代谢与凋落物分解对大气痕量气体的贡献一直是生态学领域研究的热门话题。先前关于一氧化碳排放的研究表明，太阳辐射在植物凋落物和土壤有机质的一氧化碳释放中起着十分重要的作用

（Kisselle et al.，2002），但是太阳辐射是否会影响植物、凋落物以及土壤释放其他痕量气体尚不清楚。直到Anesio等（1999）的工作证明大型水生植物可以发生光降解并释放二氧化碳。此后在水生生态系统中，研究者们不仅阐明了水体中可溶性有机质的光化学反应机制（Boreen et al.，2008；Cory et al.，2010），还通过对沉水植物以及挺水植物的光降解研究建立了陆地和水域生态系统之间凋落物分解的联系（Hernes and Benner，2003）。但是在陆地生态系统中，研究者们发现传统的基于气候与凋落物化学性质的凋落物分解模型无法预测干旱生态系统中的快速分解。干旱生态系统中凋落物分解率相对较高的问题一直悬而未决，这刺激了研究者们对非传统分解驱动因素的研究。因此生态学家们根据水生系统的发现和方法，开始研究光降解在陆地生态系统中的潜在重要性。

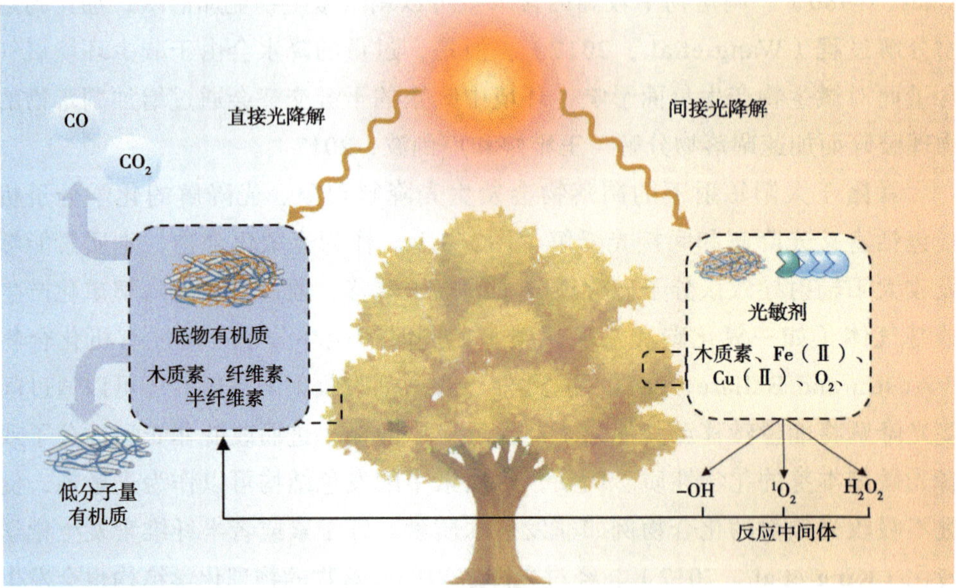

图2-1　直接和间接光降解途径（改自King et al.，2012）

2.2　凋落物质量对分解的影响

凋落物质量通常与凋落物自身性质相关，包括物理性质与化学性质两方面。当研究尺度相对减小，气候在研究区域范围内无明显差异时，凋落物质量被认为是影响分解速率的主要因素，然而近期的研究表明凋落物质量在驱动全球范围内凋落物分解过程中的影响可能被低估了。凋落物的物理特征包括叶片韧性、叶片厚度、表面是否有茸毛或者倒刺等。Pérez-Harguindeguy等（2000）通过对52种凋落物类型研究发现凋落物韧性与凋落物分解速率之间存在明显的负相关关系。凋落物韧性会严重影响动物的摄食行为，主要表现为质地较硬，难以被撕咬，不利于动物取食，从而降低凋落物的消耗速率（Liu et al.，2021）。此外，分解者（包括土壤动物及微生物）的活性在很大程度上会受到气候及凋落物质量这两种因素的共同影响（Bradford et al.，2016），凋落物表面的物理结构会对土壤动物、微生物的取食活动形成屏障，从而影响凋落物分解速率。凋落物化学特征对分解进程的影响更为普遍，植物凋落物的化学成分通常被认为是表明其作为分解者生物资源的质量，凋落物的化学特征是定义凋落物质量的重要指标（Strickland et al.，2009）。凋落物碳含量、氮含量、木质素含量以及碳氮比（C/N）、木质素/氮都是常见的凋落物分解预测指标。一般而言，高质量凋落物（低C/N、低木质素/氮）比低质量凋落物（高C/N、高木质素/氮）更容易被快速分解。凋落物分解前期主要受到易分解化合物例如可溶性碳化合物的控制，分解后期主要受难分解的顽固性组分木质素和纤维素的限制。土壤微生物为了满足自身的营养需求，需要从环境中获取氮源供自身生长繁殖使用，因此高含氮量凋落物又为微生物提供了更多的能源，促进凋落物快速分解。木质素与纤维素结构复杂，在特定酶的作用下仍需较长周期才能分解，微生物从纤维素、木质素的分解过程中获取能源效率较低，因此具有高木质素、纤维素含量的凋落物通常分解速度较慢。此外，凋落物中的单宁酸等化学物质对陆地生态系统土壤碳氮循环的影响也较为明显，例如植物的次生代谢产物多酚显著抑制土壤氮循环（Smolander and Kitunen，2002；Kraus et al.，2004）。

与生物分解不同，凋落物中的木质素含量在光降解过程中起着重要的积极作用。Austin和Ballare（2010）的一项研究表明，当无木质素的纯纤维素底物暴露于紫外线和可见光辐射时，光降解不会发生，但当将木质素溶液添加到底物中时光降解发生。此外，光降解速率随着底物中木质素浓度的增加而增加，并且质量损失模式与在此过程中仅木质素损失的预测一致。这项研究表明，木质素是光反应性化合物之一，并且纤维素（高度纯化的形式）不能单独吸收辐射发生光降解。虽然，这项研究只测试了两种高度纯化的木质素和纤维素形式，并且结果可能会随植物物种在木质素结构和化学性质方面的差异以及已经发生的分解程度而异，但是至此木质素被确定为光降解的目标化合物之一。

森林生态系统中，植被演替类型、植物种类组成以及干扰程度的变化都会使凋落物质量及生物量发生改变，从而对土壤养分产生不同的影响。与此同时，土壤养分状况反过来又影响凋落物的质量与生物量（Wardle et al., 2004）。国内学者通过典范对应分析对典型喀斯特峰丛洼地植被群落凋落物养分进行分析发现，演替阶段和坡位对凋落物积累、养分分布等影响最大（潘复静 等，2011）。汤松林（2009）对人工混交林生态系统的研究发现，与纯林相比，其凋落物多样性与养分含量升高，可有效改善土壤理化性质并促进系统稳定性。莫江明等（2001）对较小干扰的森林凋落物的研究，发现凋落物的积累提高了林下土壤肥力，而在退化森林中植被种类减少，不仅降低了凋落物的数量和质量，最终还导致土壤养分含量的降低。Moore等（2011）对凋落物养分释放模式的研究发现，土壤养分含量高的地区凋落物N、P易于富集。凋落物化学特性对土壤碳氮循环的影响主要由每种植被凋落物的分解过程决定的，但是多种植被凋落物的混合分解对土壤养分的作用不同于每种凋落物的叠加作用，主要是由于混合凋落物分解过程中的化学特性对土壤碳氮循环的影响是复杂的，根据不同植被类型、不同环境因子等因素决定。同时，对凋落物质量及其与土壤养分之间的关系进行分析，有利于精确估算凋落物分解过程中养分的年净归还量。

2.3 土壤动物对凋落物分解的影响

土壤中生活着多种生物，它们对土壤的形成、发育、物理结构、化学性质、有机质分解及其保温、持水等性能起着重要的作用。同时，土壤动物也是凋落物分解及养分转化不可缺少的重要组成部分。一般将土壤动物按照其体型分为3个类型，即大、中、小型。大型土壤动物，一般体长为2 ~ 5 mm，包括寡毛纲（如蚯蚓）、腹足纲、倍足纲、等足目、等翅目、鞘翅目、膜翅目（如蚂蚁）等。中型土壤动物包括体长0.1 ~ 2 mm的土壤动物，包括螨类、弹尾目（如跳虫）等（Adl，2003），该类群在分类学上变化较大，对凋落物分解作用影响最大。小型土壤动物由最小的动物（<0.01 mm）组成，包括线虫、原生动物（如纤毛虫和变形虫）和一些螨类。

作为土壤生态系统的主要消费者和土壤质量改善的主要贡献者，土壤动物通过破碎、搅动和摄食凋落物，改变土壤和凋落物的物理特性和其可利用性，同时对凋落物的破碎过程会为微生物创造和增加栖居环境。一方面，土壤动物通过摄食、搬运等活动使凋落物破碎化，从而增加了植物碎屑表面积为微生物提供了更多可利用的生态位，如土壤动物会产生大量的粪便，这些粪便比最初的凋落物具有更大的表面积和保湿能力，为土壤微生物提供栖居环境；另一方面，大型土壤动物的活动可以调节改善土壤结构，例如改变土壤孔隙大小，增加土壤透气度，松软度等。大型土壤动物的活动增加了土壤的养分可利用性，刺激了微生物的活性，从而加快凋落物的分解进程（Yang and Chen，2009）。此外，土壤动物的物种多样性对微生物群落的组成与活性都十分重要，土壤动物会通过取食相关的真菌和细菌等刺激微生物活性，对改变凋落物组成和土壤结构等产生直接或间接作用。因此土壤动物在凋落物分解过程中，对其分解速率和养分释放扮演着极为重要的角色。

早在1993年，Lavelle就提出随着温度和湿度的增加，限制凋落物分解的环境因子就越来越少，且土壤动物的作用也会越来越大。在土壤生物地球化学循环中，土壤动物与其他营养级的微生物群落结构和活性有着较为复杂或非线性的相互作用（Grandy et al.，2016）。Bernard等（2012）研究发现蚯蚓的引入会对微食物网中的部分微生物群落功能和结构产生影响。Hou等（2005）也发现在亚热带森林中，土壤动物密度和凋落物分解速率都有很大的相关性。此外，González和Seastedt（2001）研究表明，相对于干燥型热带雨林、温带雨林以及亚高山森林，湿润型热带雨林中土壤动物对凋落物的降解速率贡献更大，主要原因是其中存在大量的大型土壤节肢动物。Gergócs和Hufnagel（2016）研究发现，中型和小型土壤动物对高质量凋落物（即低C/N）的分解作用更大。而也有研究表明，大型土壤动物在凋落物早期分解和养分元素释放过程中作用较大（李艳红 等，2013）。说明土壤动物对凋落物的分解作用因气候条件、凋落物性质等因素在空间和时间上存在着差异性，也就是说不同类型的土壤动物对不同种类凋落物的养分固定和释放模式也不尽相同（李晓强，2014）。开展不同区域、不同类型凋落物分解的研究也有助于对比分析土壤动物和凋落物分解作用和关系，对提高森林生态系统生产力和生物多样性保护有很大的现实意义。

国外对土壤动物与森林凋落物分解关系的研究开始于20世纪60年代，主要涉及测定和量化某一地区土壤动物对凋落物分解的贡献、土壤动物在凋落物分解过程中的作用与机制。20世纪末及21世纪初，学者们开展了不同气候、不同有机质条件下土壤动物对凋落物分解贡献的研究。其研究结果表明，土壤动物对凋落物分解的影响在热带地区大于温带地区。对土壤动物的研究方法上普遍应用化学试剂排除法、电击法和凋落袋法等。化学试剂排除法主要是通过杀虫剂、樟脑球、甲苯、氯化汞、碳呋喃等化学试剂排除某些土壤动物，研究不同土壤动物对凋落物分解贡献，这种方法的局限性在于影响到了其他生物和土壤的生态属性；某些化学试剂刺激了微生物的活性，低估了土壤动物对凋落物分解作用（Wickings and Grandy，2011）。电击法通过设置钢棒，将钢棒之间用电线连接，电击样地时，将钢棒插入地中，与汽油发电机产生的电压相连，将从土壤中驱赶出来的土壤动物收集并且拿出样地。这种方法虽然不影响土壤的自然属性，但是耗电量大，野外实验操作局限性大，对蚯蚓的去除效率较高，对小型节肢动物或线虫没有明显的作用（Liski et al.，2003）。而凋落袋法则通过测定有、无土壤动物的条件下凋落物分解速率以及对微生物活性的影响等方面来证明土壤动物的分解作用，凋落袋法操作简便，是最常用的方法。

与国外相比，我国对凋落物的动物分解研究起步较晚，国内学者大多采用凋落袋法对土壤动物在凋落物分解过程的作用进行研究。20世纪80年代初，陈鹏和富德义（1984）对长白山土壤动物在物质循环中的作用进行了初步探讨，90年代以来学者们才逐步开展土壤动物分解功能的实验研究。国内研究主要涉及不同地带土壤动物对凋落物分解的影响以及不同类群土壤动物对凋落物分解的贡献等方面。地带性研究方面，如温带地区，在20世纪90年代就开展了土壤动物对凋落物分解过程的作用研究。仲伟彦等（1999）研究了帽儿山森林落叶分解消耗与土壤动物的关系。殷秀琴等（2007）在小兴安岭地区对6个主要林型凋落叶的分解过程和土壤动物作用进行了研究，结果表明，中型土壤动物对凋落物分解的贡献大于大型动物，土壤动物与微生物的共同作用大于微生物的单独作用。夏磊等（2012）对川西亚高山森林凋落物的研究表明，凋落物和土壤动物体内元素的变异对土壤中元素含量变化的贡献率较大。李艳红等（2013）在研究森林凋落物土壤动物与土壤系统中营养元素含量关系时发现，凋落物、土壤动物和土壤中元素含量的线性关系较强。

2.4 土壤微生物对凋落物分解的影响

凋落物的完全分解需要在食物网中依托动物及微生物的分解作用才能实现。土壤中的碳和能量流动主要由微生物驱动（Hättenschwiler et al.，2005）。土壤中微生物含量丰富，每克土壤中细菌种类的数量在数百到数千种，总物种数量估计可达到200万～300万种（Dejonghe et al.，2001）。真菌和细菌占土壤微生物总量的90%，是土壤食物网中的主要分解者类群（He et al.，2020）。真菌菌丝可以穿透凋落物，并分泌胞外酶将纤维素、木质素等大分子难降解化合物降解为小分子化合物（Sun et al.，2020）。相比之下，细菌分泌胞外酶能力有限，因此更倾向于利用分解过程中的易分解物质以及真菌活动过程中释放的易消耗中间产物（Ullah et al.，2023）。真菌具备消耗难降解组分的能力，在凋落物分解方面扮演了更重要的角色，通常认为细菌主要在真菌分解高分子和/或木质化化合物后分解多糖和聚合物化合物（Romaní et al.，2006）。参与凋落物分解的微生物群落不是一成不变的，是各个阶段不同种群微生物连续作用的持续性过程。

凋落物生物量和质量的变化，导致供给土壤微生物的能量源发生变化，从而改变土壤微生物群落结构。目前，土壤微生物对凋落物质量变化的响应主要反映在微生物生物量、代谢多样性及群落结构多样性上。凋落物质量变化导致土壤性质发生改变，不同的土壤质地导致土壤通气性、水分和养分状况不同，使植被吸收土壤养分的能力发生改变。土壤微生物对土壤性质的改变反应较为敏感，因此土壤微生物群落结构与组成被普遍作为衡量土壤质量状况的指标。土壤微生物特性对凋落物质量的响应主要与土壤质地、季节变化、植被类型、环境条件等密切相关。有研究发现黏性土壤对有机和无机养分有较强的吸附和保持能力，并在相同的管理方式和气候条件下，黏土的微生物生物量和植被凋落量均高于沙土。凋落物质量对土壤微生物的影响，实质是凋落物对土壤环境的直接影响，从而引起微生物群落结构的变化（龙

健 等，2004）。

微生物群落的变化不仅受可供微生物利用资源的数量和质量变化的影响，还受到土壤环境对微生物自身生理特性压力的影响。例如，植被凋落物类型的增加可以提高土壤微生物利用碳源的多样性，进而增加微生物丰富度（Blair，1988）；土壤水分极大地影响土壤孔隙中的氧气含量，细菌在相对氧气含量较低的条件下有较高活性，而真菌、放线菌表现相反（Aanderud et al.，2008），从而影响凋落物的分解速率。研究表明高质量（碳氮比小）的凋落物进入土壤后，土壤酶活性、微生物生物量、群落多样性等显著提高（王意锟 等，2012）。胡亚林等（2005）将杉木凋落物与其他阔叶凋落物混合分解后，土壤微生物量、土壤呼吸均显著增加，主要是因为高质量和低质量的凋落物混合后，为土壤微生物提供更宽泛的土壤养分供应和适宜环境，促进微生物对凋落物的分解，提高了土壤活性有机质含量、微生物生物量及微生物活性。在黄土高原区不同植被凋落物对土壤微生物的影响，以及不同植被凋落物混合对土壤微生物量及养分转化的影响均表现不同（张燕燕 等，2010）。

近20年来，磷脂脂肪酸（PLFA）法是对土壤微生物群落结构多样性研究应用最为广泛的方法。Austin等（2010）对草原生态系统中的4种不同种类的草本植物混合分解研究发现，显著增加了土壤真菌的含量。Liu等（2010）对混合凋落物分解的研究发现，真菌含量在分解前期变化较显著，而在分解后期主要影响放线菌的群落结构。Chapman和Newman（2010）对混合凋落叶分解的研究发现，相比单一凋落叶的分解，其微生物总PLFA增加70%。国内学者对3种不同凋落叶的分解研究发现，白栎凋落叶下的土壤细菌、真菌的磷脂脂肪酸含量显著高于香樟和青冈凋落叶下的土壤（张圣喜 等，2011）。陈法霖等（2011）发现针阔凋落叶混合分解提高了土壤细菌和放线菌的生物量，而使土壤真菌生物量降低，且增加了土壤微生物群落碳代谢强度、丰富度和多样性。混合凋落物对微生物分解作用的影响并不是单纯由凋落物植被类型多样性决定的，其实质是由凋落物化学成分的多样性影响的。生态学家在凋落物分解过程中提出的“底物C、N化学计量学”假说（Parton et al.，2007；Manzoni et al.，2008；Güsewell and Gessner，2009；林成芳 等，2017）认为，微生物分解者与底物间存在C、N化学计量学的差异，这种对分解者生理学上的基本约束驱动了凋落物的分解和养分释放。养分转移和化学计量比的变化都与土壤微生物活性存在密切联系，因此在凋落物分解过程中进行土壤微生物生物量及活性的研究可以更全面地了解该生态系统的稳定性及养分循环过程。

2.5 研究意义及内容

2.5.1 研究意义

亚热带森林凋落物性质及其分解特性是生态环境科学领域研究的热点问题之一，太阳辐射、土壤理化性质、动物、微生物等对凋落物分解的影响机制也越发引起重视。对亚热带森林凋落物特性的深入研究有助于科学合理地经营森林、指导生产实践、调节和改善各种限制因素，从而提高森林生态系统养分循环利用速率和最大限度地提高生产力，对森林生态系统维持地表养分、生态恢复等具有一定的现实意义。同时，可为亚热带森林资源保护、生态可持续利用和发展、维护生态系统平衡及森林生物多样性保护提供科学依据。

本研究通过野外调查和野外原位控制实验，从地上及地下凋落物角度出发，对亚热带森林凋落物分解特征及驱动机制展开探索，主要解决以下问题。

（1）亚热带森林生态系统中立枯凋落物组成及其时间动态、立枯凋落物分解特征及光降解机制。

（2）亚热带典型区森林生态系统凋落物生物量及其时空分布特征、分解速率和养分动态变化。

（3）土壤动物和微生物对亚热带森林凋落物分解的质量损失贡献率及作用机制。

通过对以上问题的研究，期望为亚热带森林凋落物分解和养分释放特征及生物成土的作用机制提供理论依据。

2.5.2 研究内容

（1）研究亚热带森林生态系统中地上立枯凋落物的组成及时间动态。对亚热带森林生态系统中凋落物立枯现象进行追踪，通过野外调查法评估亚热带森林生态系统中立枯凋落物的种类、生物量以及立枯的时间特征，分析立枯现象在亚热带森林系统中的比重及特征。

（2）研究凋落物在立枯过程中的分解特征及光降解影响机制。采用调查法对立枯凋落物的降解动态进行原位追踪调查，以揭示亚热带森林环境中自然立枯过程的降解潜力和动态。采用凋落袋法分析经过立枯与未经过立枯的凋落物在土壤环境中的分解差异，进一步阐明凋落物立枯过程产生的更深远的生态学影响。在森林环境中采用2×2因子实验设计控制凋落物接收到的紫外线辐射量以及凋落物的微生物定殖情况，阐明湿润的森林环境中光降解的影响机制，以及与微生物分解之间的作用关系。

（3）研究亚热带典型区森林生态系统凋落物生物量及其时空分布特征、分解速率和养分动态变化。采用凋落袋法对典型区不同坡向森林凋落物的季节凋落动态及年凋落量进行收集比较，测定各坡向凋落物组分的动态变化，分析典型区森林凋落物生物量的时空分布特征；对凋落物各组分的主要营养元素含量（C、N、P、K、Ca、Mg）进行测定，分析影响典型区森林凋落物养分动态变化的主要因素。定期回收凋落袋，测定袋中剩余凋落物的质量变化，估算凋落物的分解速率；对凋落袋内凋落物的主要营养元素进行测定，比较不同坡向凋落物分解过程中的质量损失及营养元素释放特征。

（4）研究亚热带典型区森林生态系统凋落物分解的微生物作用机制。对各坡向的林下土壤性质（物理与化学性质）和微生物性质（微生物生物量、群落结构、多样性等）的季节变化以及不同干扰程度土壤真菌群落多样性及群落组成差异进行测定，分析影响典型区森林凋落物分解的土壤微生物作用机制；通过统计分析（Spearman相关分析、双因素方差分析、主坐标分析、冗余分析），分析土壤微生物及土壤养分对地上植被类型的响应机制以及对凋落物分解的影响。

（5）研究亚热带典型区森林生态系统凋落物分解的土壤动物作用机制。通过野外凋落袋的布设，将凋落袋收集后在实验室进行土壤动物分离与鉴定、凋落物质量损失与养分测定，及其土壤养分变化的测定。对5 mm和2 mm孔径中的土壤动物多度、丰度和多样性进行统计，测定土壤及凋落物中的大量元素C、N（C/N）、P、K，中量元素Ca、Mg和微量元素Mn，分析其在分解过程中的动态变化，探究凋落物分解中养分含量的变化和元素的释放规律，有助于阐明亚热带典型区森林生态系统土壤动物的分解作用机制，对认识亚热带典型区森林生态系统中的物质能量循环具有指导意义。

上　篇

亚热带森林立枯凋落物分解特征及光降解机制

3　亚热带森林立枯凋落物组成及动态特征

在传统的陆地生态系统凋落物分解研究中，土壤系统被认为是凋落物开始分解的场所，研究重点通常集中在叶片与土壤接触后的降解过程，以往的凋落物分解研究一般指的是土壤表面的凋落物（Méndez et al.，2019）。但是，生态系统中有相当一部分植物的衰老叶片在枯死后并不会立刻掉落与土壤接触，而是保持站立一段时期，在外力的干扰下才会掉落至地表与土壤接触，立枯凋落物同样是生态系统凋落物的重要组成部分。

此前，立枯现象在草本及灌木植物中较为普遍，并在干旱生态系统中被广泛报道（Wang et al.，2017）。在草原生态系统中，草本及灌木是主要的植物类型，立枯凋落物主要由草本及灌木植物地上的枯死部分组成。绝大多数草本植物都具有立枯现象，它们地上部分的植株枯死后通常不会立刻掉落或者塌陷至土壤表面，而是会保持立枯很长一段时间，直到受到外力或者因动物侵扰才会塌陷至土壤中。此外，立枯现象也常见于湿地生态系统中（Welsch and Yavitt，2003；Pu et al.，2014）。挺水植物是湿地生态系统内一种重要的植物类型，挺水植物在枯萎和死亡后不会立即倒伏塌陷至水体或底层泥土中，而是保持挺立高度暴露于大气环境中，直到受外力侵扰才会塌陷或者倒伏。立枯现象在草地生态系统以及湿地生态系统中占据了很大比例，同时由于其特殊的站立过程可能会引起与传统落叶形式不同的分解及生态影响。森林生态系统约占全球陆地面积的1/3，是地球上生物多样性和遗传多样性最丰富的生态系统之一（Koehl et al.，2015）。但是，人们对森林生态系统中，尤其是亚热带森林生态系统中的立枯凋落物种类及其动态知之甚少。因此，在亚热带森林中对凋落物立枯现象开展调查，旨在阐明亚热带森林生态系统中的立枯凋落物的组成及其时间动态特征。

3.1 亚热带森林立枯凋落物调查与收集

研究地点位于江苏省南京市紫金山（32°50′N，118°48′E，海拔约447.1 m），该地为亚热带森林环境，森林面积达24 km^2。该地点属亚热带季风气候，年平均气温为15.4℃，年平均降水量为1 106.5 mm，降水主要集中于6—7月。该地区土壤呈弱酸性，pH值约为5.0，土壤腐殖质层中沉积有大量的养分和有机物。紫金山常见的森林类型为落叶阔叶林和常绿针叶林，优势种为栓皮栎（*Quercus variabilis*）和马尾松（*Pinus massoniana*）。麻栎（*Quercus acutissima*）、枫香（*Liquidambar formosana*）、山胡椒（*Lindera glauca*）都是此地区的常见树种。该亚热带森林中的落叶树种在每年秋季时叶片枯死并大量落叶，为了针对性地调查立枯现象，于大规模落叶期后（2021年12月26日）开始调查。

本研究使用尼龙纱网（孔径2 mm）与金属支架构建凋落物收集装置，对紫金山亚热带森林的立枯凋落物进行调查（图3-1），每个收集装置的尺寸为1.2 m（长）×1.2 m（宽）×0.3 m（高）。根据紫金山的森林组成类型，选择紫金山的3种典型林型作为实验样地用于布设凋落物收集样点，它们分别为栓皮栎林（32°02′55″N，118°51′21″E，18.9 hm^2）、马尾松林（32°03′28″N，118°52′26″E，5.63 hm^2）、栓皮栎—麻栎混交林（32°03′42″N，118°52′17″E，1.5 hm^2），每个样点放置一个凋落物收集装置。2021年12月26日，在3个样地中一共布设了13个凋落物收集样点，其中在栓皮栎林中设置5个样点，其余两个样地中各设置4个样点（图3-2）。2021年12月26日将收集装置在各样地中布置完成，这样的日期选择避开了森林的秋季大规模落叶期，以确保收集到的叶片是以立枯形式过冬的凋落物。整个调查过程中，定期监测所布设的收集装置的完好性，以避免野生动物或人为干扰造成的破坏。为了确保收集装置的有效性，当装置被破坏时，及时补充新的进行替换。

调查从2021年12月26日开始，在2022年1月4日、2022年2月19日、2022年3月13日、2022年4月1日共4次回收凋落物。实验过程中由于不可抗力（野兽袭击、人为破坏），少部分样点的装置被破坏而无法回收凋落物。回收的凋落物在黑暗干燥的环境中风干至恒重，然后进行分类并称量质量。

图3-1　凋落物收集装置

图3-2　凋落物收集样点示意图

注：*Quercus variabilis*指栓皮栎林，*Pinus massoniana*指马尾松林，*Q. variabilis* & *Q. acutissima*指栓皮栎—麻栎混交林；Site1、Site2、Site3指放置凋落物收集装置的3个区域。

3.2 凋落物组成与落叶时间特征

3.2.1 凋落物组成特征

调查从2021年12月26日开始，调查期间一共4次回收凋落物。其中，2022年1月4日，3个样地中所有凋落物收集样点均未遭到破坏完成回收（表3-1）。2022年2月19日，由于受到野兽干扰，部分样点遭到破坏，栓皮栎林4个样点完成回收，马尾松林3个样点完成回收，栓皮栎—麻栎混交林3个样点完成回收。对样点破坏的收集装置进行了及时修缮及更替。2022年3月13日栓皮栎林3个样点完成回收，马尾松林4个样点完成回收，栓皮栎—麻栎混交林4个样点完成回收。2022年4月1日栓皮栎林3个样点完成回收，马尾松林4个样点完成回收，栓皮栎—麻栎混交林4个样点完成回收。

表3-1　栓皮栎林、马尾松林、栓皮栎—麻栎混交林中凋落物收集样点情况统计

日期（年/月/日）	样点	样点样品回收情况		
		栓皮栎林	马尾松林	栓皮栎—麻栎混交林
2022/1/4	1	○	○	○
	2	○	○	○
	3	○	○	○
	4	○	○	○
	5	○	—	—
2022/2/19	1	○	○	○
	2	○	○	○
	3	○	○	○
	4	○	×	×
	5	×	—	—
2022/3/13	1	○	○	○
	2	○	○	○
	3	○	○	○

（续表）

日期（年/月/日）	样点	样点样品回收情况		
		栓皮栎林	马尾松林	栓皮栎—麻栎混交林
2022/3/13	4	×	○	○
	5	×	—	—
2022/4/1	1	○	○	○
	2	○	○	○
	3	○	○	○
	4	×	○	○
	5	×	—	—

注：○表示正常回收；—表示未布设收集装置；×表示收集装置被破坏。

冬季调查过程中，从3个样地共收集凋落物956.57 g，其中植物叶片凋落物460.05 g，占总凋落物质量的48.09%（图3-3）。树皮、树枝与果实凋落物总质量占所有凋落物质量的51.91%。在冬季立枯调查期间，叶凋落物为主要凋落物类型，这些叶凋落物种类涵盖马尾松、山胡椒、栓皮栎、枫香、苦槠、冬青、石楠和梧桐树种。其中，马尾松、山胡椒、栓皮栎及枫香的叶凋落物质量分别占总叶凋落物质量的35.64%、26.25%、21.8%及8.5%。栓皮栎—麻栎混交林中，共收集叶凋落物质量86.83 g，收集到的凋落物种类包括山胡椒、枫香、马尾松、栓皮栎以及石楠（图3-4）。其中山胡椒为主要凋落物种类，占该林型中凋落物总量的41.84%。枫香、马尾松、栓皮栎分别占该林型中凋落物总量的23.11%、16.52%、11.99%。马尾松林中共收集叶凋落物质量为232.95 g，收集到的凋落物种类包括马尾松、山胡椒、苦槠、枫香、冬青及栓皮栎。其中马尾松、山胡椒、苦槠为主要凋落物种类，分别占该林型中凋落物总量的64.23%、18.36%、9.98%。枫香占马尾松林总凋落物的3.63%。栓皮栎林中共收集叶凋落物质量为140.23 g，种类包括栓皮栎、山胡椒、枫香与梧桐。栓皮栎与山胡椒为主要凋落物种类，分别占该林型中凋落物总量的61.95%与29.68%。枫香为重要组成部分，占该林型中凋落物总量的7.56%。

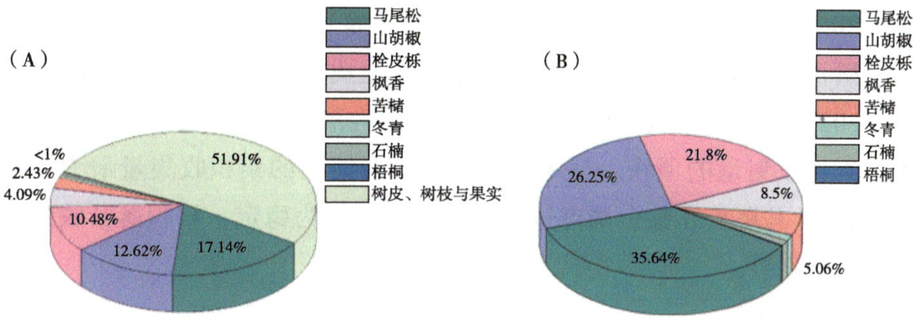

图3-3　2021年12月26日（A）至2022年4月1日（B）收集凋落物的组成情况

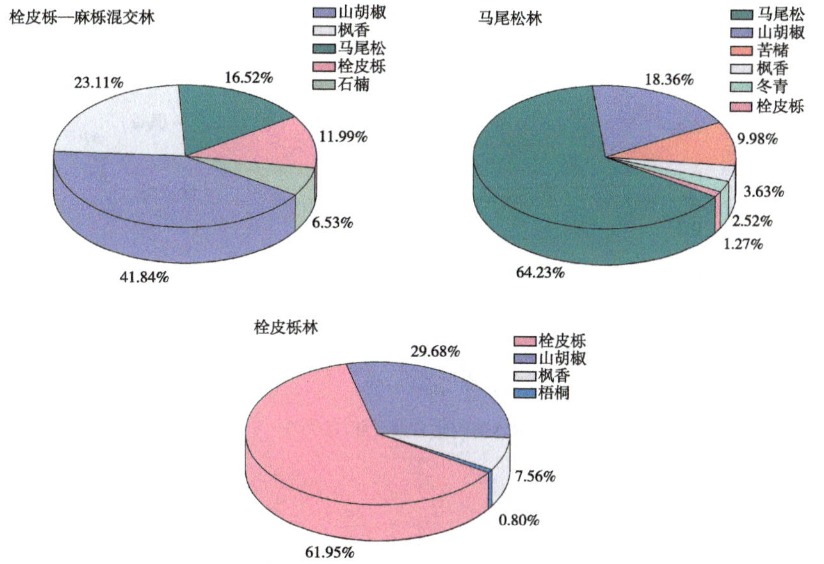

图3-4　栓皮栎—麻栎混交林、马尾松林以及栓皮栎林中收集凋落物的组成情况

3.2.2　凋落物落叶时间特征

冬季调查期间，收集到的凋落物主要种类为山胡椒、栓皮栎、枫香以及马尾松，它们在冬季的落叶时间动态存在差异（图3-4、图3-5）。山胡椒凋落物在冬季调查期间的累积收集量为7.67 g/m^2，山胡椒在2021年12月26日至2022年3月13日的时间区间内较少落叶，落叶高峰期为2022年3月13日至2022年4月1日。栓皮栎在冬季调查期间的累积收集量达6.41 g/m^2，前期落叶较少，2022年2月19日后落叶量迅速增加，落叶高峰出现在2022年3月13日，持续至2022年4月1日仍能收集到掉落的栓皮栎凋落叶。枫香在冬季调查期间的累积收集量为2.53 g/m²，其落叶动态与栓皮栎相似，均表现为前期落叶较少，2022年2月19日至2022年3月13日期间内落叶明显增多，2022年3月13日为凋落物收集量的顶峰。马尾松在冬季调查期间的累积收集量最大，达到10.85 g/m²，马尾松在整个调查过程中落叶速度较为稳定，累积落叶收集量呈现平稳增加趋势。

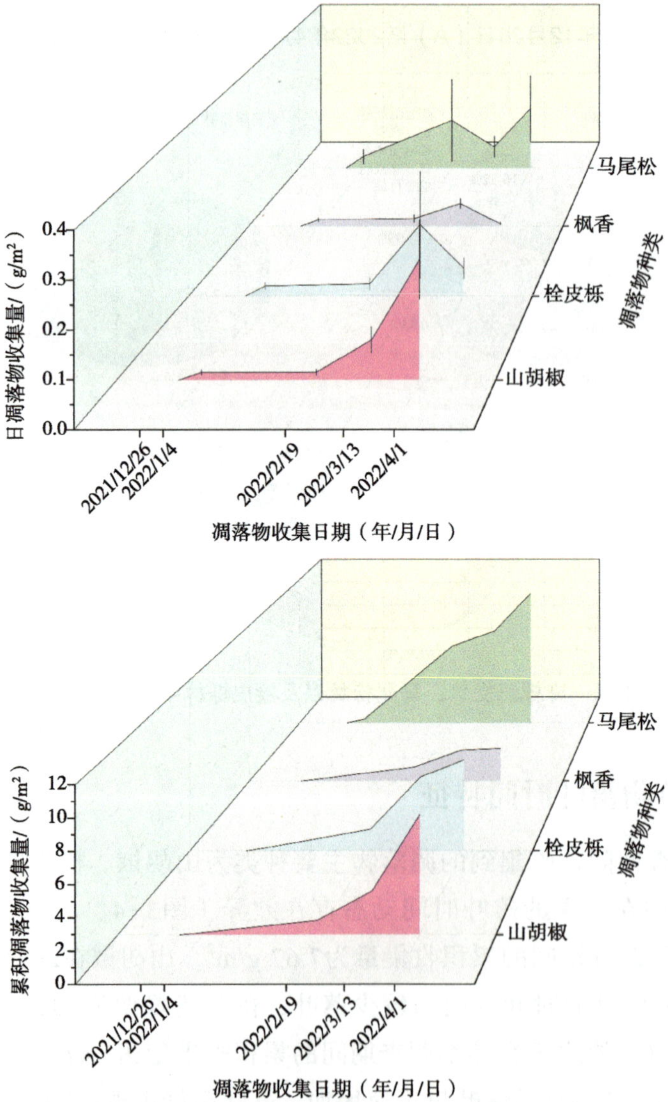

图3-5　立枯凋落物的落叶动态及累积收集量

3.3 凋落物立枯现象分析

研究结果发现，紫金山亚热带森林生态系统中存在明显的凋落物冬季立枯现象，主要立枯树种为栓皮栎、山胡椒、枫香，山胡椒为最典型的立枯凋落物种类。在收集的立枯凋落物中，山胡椒立枯生物量最大。此外，山胡椒分布广泛，在3种典型林型中均有分布且在各林型收集的凋落物总量中均占据较重要的比例。栓皮栎、枫香作为亚热带区域常见的树种，同样存在明显的冬季立枯现象，其衰老叶在秋季大规模落叶期并没有完全掉落，而是有部分叶保持立枯，在第二年3月中旬前后会迎来新的落叶高峰。与栓皮栎、枫香相比，山胡椒立枯的周期最久，其枯死的叶片在秋季以及冬季立枯过程中极少掉落，在第二年4月初迎来落叶高峰，集中且大量掉落。山胡椒由于其立枯生物量大、分布广泛、立枯周期久，因此是紫金山亚热带森林生态系统中最典型的立枯树种。在本项研究结果中，马尾松的收集量同样较大，但是由于马尾松属于常绿树种，四季均可以落叶，立枯现象及周期并不明确，因此不属于典型立枯现象的讨论范围。

亚热带森林环境中凋落物立枯现象不可忽视。凋落物立枯现象在湿地生态系统及干旱生态系统中被广泛强调，关注对象主要为挺水植物以及草本植物（Pu et al.，2014；Wang et al.，2017），但是本研究发现亚热带森林环境中的乔木同样存在明显的凋落物立枯现象。在亚热带森林，尤其是亚热带落叶阔叶林中，大规模落叶通常在秋季发生，大部分衰老的叶片会在秋季掉落至森林地表。因此研究者们通常将秋季落叶视为每年新一轮的凋落物输入，并以此为起点着重关注地表凋落物的分解动态（Ji et al.，2020）。但是，本研究发现亚热带森林环境中有相当一部分凋落物在大规模落叶的秋季并不会掉落，而是牢牢地悬挂在树枝上度过冬天，直到第二年的3月中旬至4月初才会完全掉落。与本研究一致，Angst等（2017）也报道一些分布于温带及亚热带的树种如榉树、栎树同样也存在枯而不落的现象。此外，森林生态系统中，掉落的叶子会被林下灌木或者树枝拦截，这些被拦截的凋落物同样会保持站立一段时间后才会在外力作用下掉落到土壤表面，这部分凋落物同样经历立枯阶段（Mao et al.，2021）。以前在干旱环境以及湿地环境中的研究发现，立枯凋落物长期暴露于大气环境中，与土壤表面的凋落物相比接受了更多的光照、更频繁的干湿交替以及温度循环，这些非生物因素可以通过增加凋落物的破碎来加速凋落物分解进程，凋落物在立枯过程中已经开始进行分解（Wang et al.，2017）。此外，经过立枯过程的凋落物可以对后续的微生物分解产生积极影响（Pu et al.，2014；Angst et al.，2017）。长久以来，森林环境中的凋落物分解研究集中于衰老叶片秋季掉落后的土壤养分循环过程（Heijden et al.，2008；Lin et al.，2017），而忽视了亚热带森林环境中凋落物的立枯过程对分解的影响。亚热带森林环境中除秋季大规模落叶外，凋落物在冬季存在明显立枯过程，因此，在对森林生态系统功能及养分循环进程进行评估时需要将凋落物立枯进程及其影响考虑在内。

3.4 小结

本项研究通过在亚热带森林系统冬季开展为期96天的野外调查发现，亚热带森林系统冬季存在明显的凋落物立枯现象。立枯凋落物种类主要有山胡椒、栓皮栎、枫香，它们在冬季调查期间的累积收集量分别为7.67 g/m^2、6.41 g/m^2、2.53 g/m^2。立枯的衰老叶片在秋季不会完全掉落，而是留存悬挂在枝头直到第二年的3月中旬至4月初暴发式集中掉落。山胡椒分布最为广泛，立枯周期最久，生物量最大，其立枯现象最为典型。立枯凋落物是森林系统中凋落物不可忽视的组成部分，凋落物立枯可能对森林生态系统的生态碳循环进程产生深远影响，因此，明确森林生态系统中立枯凋落物的物种组成及其时间动态对后续探究立枯现象的生态学意义及了解完整森林生态系统碳循环过程意义重大。

4 亚热带森林立枯凋落物分解特征及遗留效应

山胡椒是南京市紫金山亚热带森林中典型的立枯树种，其叶片在每年10月底枯死变得干燥枯黄但不掉落，整个冬天都会牢牢地悬挂在树上，第二年3月底叶片开始掉落，这一过程持续近两周后叶片才完全掉落。以往基于土壤环境中的凋落物降解模型提出，初始阶段凋落物质量损失是由易于分解的化合物控制的，例如水溶性有机物，顽固的木质素被保存并在凋落物中积累。后期分解阶段，顽固组分的分解加强，并被认为是凋落物质量损失的主要原因（Berg and Staaf，1980）。与土壤中的凋落物相比，立枯凋落物高度暴露于大气环境中接受更多的光照，没有接触土壤环境中丰富的微生物，并且站立位置的环境条件也可能会进一步限制凋落物上的微生物活动。这些生物及非生物因子的变化可能会导致凋落物在立枯过程中发生与土壤中不同模式的分解。现有关于立枯凋落物分解的研究较少且主要集中于对湿地环境中的挺水植物以及干旱环境中草本植物的研究（Pu et al.，2014；Wang et al.，2017）。对于更广泛的生态系统，特别是森林生态系统中的凋落物立枯分解现象及凋落物立枯对生态循环的影响尚需更深入的探索。

在干旱环境中，太阳辐射能够直接矿化凋落物，同时通过光降解改变凋落物的物理化学性质，增加凋落物的生物可降解性，加速凋落物分解过程（Austin and Vivanco，2006）。与旱地相比，亚热带森林环境通常具有较高的环境湿度。同时亚热带森林微生物活动和辐射强度具有明显的季节性特征，表现为夏季最高，冬季最低（Ralte et al.，2005；Li et al.，2015）。在湿润的亚热带森林环境中，尤其是在冬季光照弱且气温较低、微生物活性不高的条件下，凋落物立枯过程是否会发生降解以及生物与非生物条件如何调控降解过程仍不清楚。此外，凋落物立枯对后续凋落物进入土壤后分解的影响也需进一步探究。

大多数研究采用凋落袋法监测凋落物分解过程，开展野外条件下的分解实验。在凋落袋法中，已知重量的凋落物被装入在具有特定网目尺寸的凋落袋中，然后放置于特定的实验位置，并定期回收样品。但是凋落袋会强烈影响袋内凋落物接受到的光照、降水，在自然状态下，不经人为操控的真实立枯分解过程在很大程度上是未知的。为了阐明凋落物在自然状态下的降解动态及潜在机制，本研究采用调查法代替传统的凋落袋法对中国亚热带森林立枯凋落物在冬季的变化进行跟踪研究。此外，还从夏季开始在同一地点测量了立枯前凋落物和立枯后凋落物的土壤分解差异，以确定立枯阶段对凋落物落到土壤表面后的凋落物分解的遗留影响。基于以上内容，本实验做出两种假设，一是冬季凋落物在立枯分解过程中的质量损失较低，分解程度将远小于夏季的土壤分解；二是当立枯前与立枯后凋落物同时在夏季分解时，立枯后凋落物的分解速度要快于立枯前凋落物，即立枯过程会加快后续凋落物在土壤中的分解速度。

4.1 立枯凋落物分解追踪及其遗留效应检测

4.1.1 野外实验设计

研究地点位于江苏省南京市紫金山（32°50′N，118°48′E，海拔约447.1 m）。该地点属亚热带季风气候，年平均降水量为1 106.5 mm，年平均气温为15.4℃。山胡椒是典型的立枯树，高度分布范围为2.1 ~ 6.5 m，其叶片在每年10月底变得干燥枯黄但不掉落，整个冬天都会牢牢地悬挂在树上。第二年3月底叶片开始掉落，这一过程持续近两周后至叶片完全掉落。具有典型立枯现象的山胡椒被选择作为实验材料来研究凋落物的立枯分解。研究地点位于向阳的缓坡，冬季立枯的山胡椒完全暴露于太阳辐射之下。尽管立枯时间存在小范围的季节交叉，整个过程依然被称为冬季立枯。

该实验分两个时间阶段进行，一是采用调查法对凋落物冬季立枯时段的降解过程进行研究，在冬季山胡椒立枯过程中定期从树上采摘凋落物并测量质量损失，实验开展周期为2019年10月31日至2020年4月7日；二是采用凋落袋法对夏季土壤分解过程进行研究，将2019年10月31日采集的枯死凋落物与经过冬天立枯，2020年4月7日采集的凋落物，同时放到林下地表进行分解，实验开展周期为2021年5月25日至2021年11月4日（图4-1）。

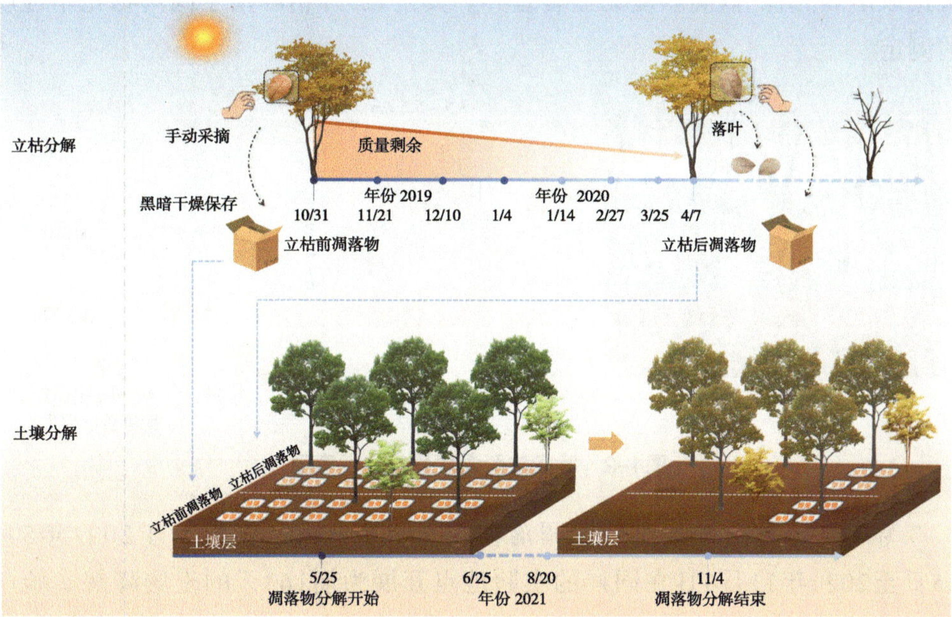

图4-1　山胡椒凋落物的分解过程研究示意图

从2019年10月31日开始，在紫金山针阔叶混交林对山胡椒立枯凋落物进行为期159天的野外调查。为了评估真实的凋落物立枯分解，采用调查方法代替传统的凋落袋法，跟踪了山胡椒立枯凋落物在冬季立枯过程中的质量损失变化。调查共进行8次，时间分别为2019年10月31日、2019年11月21日、2019年12月10日、2020年1月4日、2020年1月14日、2020年2月27日、2020年3月25日、2020年4月7日。在每个采样时间，从20棵分散分布的山胡椒树上摘取约250片立枯的枯叶，枯叶的采集高度为1.5～2 m，每个采样时间的凋落物采集位置保持一致。

为了尽可能减少由叶片的个体差异和物理破碎引起的误差，使用叶盘法来确定凋落物的剩余质量。具体做法为，从采摘的枯叶中随机选择大约125片枯叶，然后使用打孔器避开中轴叶脉从每片叶上切下大约4个直径为12 mm的叶盘（大叶片切6个叶盘，中叶片切4个叶盘，小叶片切2个叶盘，平均每片叶制作4个叶盘），总共制作大约500个叶盘（图4-2）。所有叶盘在55℃下烘72 h至恒重。然后从中随机选取100个干燥叶盘作为一组称重，一共用3组叶盘作为重复测量剩余质量。由于随机采样的取样方式以及扩大的样本量，随机选取出的3组叶盘间厚度无显著差异。其余125片枯叶用于凋落物化学性质的测定。

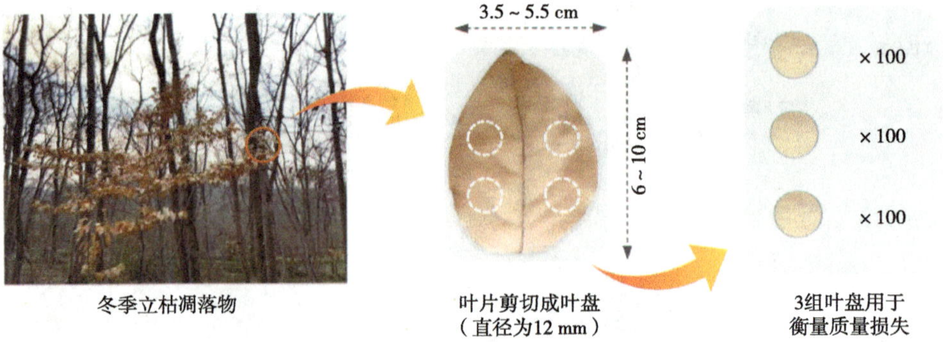

图4-2　叶盘法衡量质量损失示意图

为了确定立枯过程对后续凋落物在土壤中降解的影响，于2021年5月25日至2021年11月4日在同样的实验地点开展为期163天的土壤降解实验。将2 g未经过立枯的自然风干凋落物（立枯前凋落物，2019年10月31日收集）以及2 g经过立枯阶段的自然风干凋落物（立枯后凋落物，2020年4月7日收集）放入网眼孔径为4 mm，大小为15 cm × 21.5 cm的凋落袋中（收集的凋落物避光风干室温保存直至实验开始，这样大的网眼及凋落袋尺寸允许大型、中小型土壤动物进入，同时减少凋落物堆叠）。首先清理土壤表面凋落物层，然后将凋落袋放置在裸露出的土壤表面，最后将凋落物层按照自然分布回填覆盖。实验一共使用24个凋落袋（2种凋落物类型 × 3次回收 × 4个重复）。在2021年6月25日、2021年8月20日、2021年11月4日一共回收3次凋落物，每种凋落物回收4个凋落袋。回收的凋落物放在55℃烘箱中烘72 h至恒重，然后测量质量损失。对整个实验过程中的温度、太阳辐射及降水量的变化进行监测（图4-3），数据来源于江苏省南京市气象局（http://js.cma.gov.cn/dsjwz/njs/）。立枯分解中，日平均温度变化范围为0.6～19.6℃，159天的实验过程中有12天日最低温度小于0℃。太阳辐射辐照度在1月达到最低水平，月平均辐照度为4.6 MJ/（$m^2 \cdot d$）。土壤分解过程中的月平均温度为23.1℃，累计降水量为1 070.2 mm。同时根据初始风干质量和烘箱干燥质量（55℃烘72 h）对凋落物的风干质量进行校正。

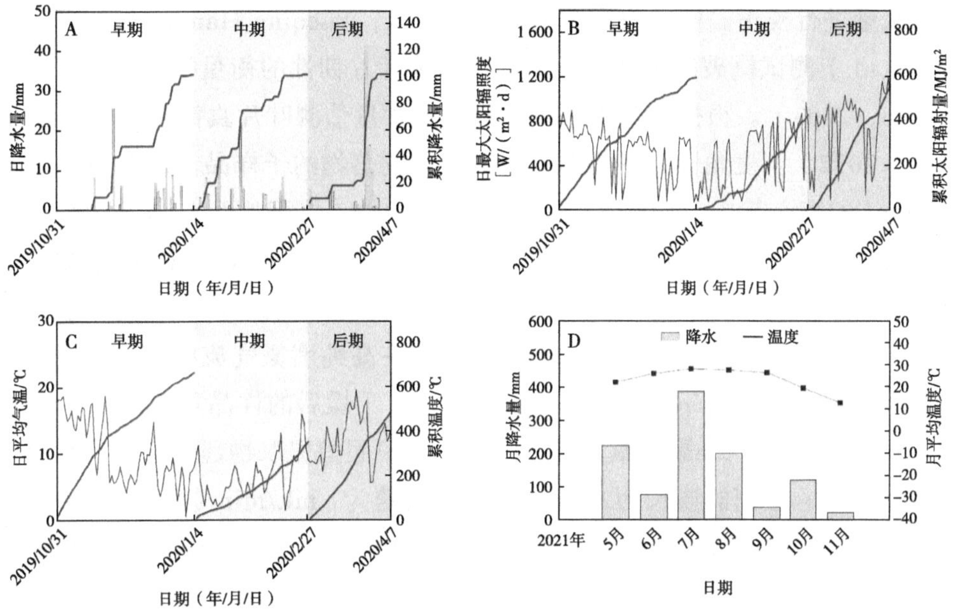

图4–3 研究地点立枯分解期间的环境特征

注：A为日降水量（柱形图，左轴）和累计降水量（折线图，右轴）；B为日最大太阳辐照度（细折线图，左轴）和累积太阳辐射量（粗折线图，右轴）；C为日平均温度（细折线图，左轴）和累积温度（粗折线图，右轴）；研究地点土壤分解期间的环境特征：D为月降水量（柱形图，左轴）和月平均温度（折线图，右轴）。

4.1.2 凋落物化学性质及微生物分析

室温黑暗条件下，将200 mg凋落物与30 mL去离子水一起振荡24 h，以提取凋落物中的可溶性有机碳（DOC）并用总碳分析仪（TOC-L，Shimadzu；Japan）分析DOC浓度（Wang et al.，2017）。使用元素分析仪测定干燥凋落物样品的总碳（TC）和总氮（TN）浓度。根据Vansoest等（1991）提出的方法测定纤维素、木质素含量。使用Folin-Ciocalteu方法测试总多酚含量（Santonja et al.，2018），具体操作为，将0.125 g叶子样品溶于10 mL 70%甲醇水溶液，振荡1 h，然后用0.45 μm聚四氟乙烯膜过滤。随后，将0.25 mL过滤提取物与0.25 mL Folin-Ciocalteu试剂、0.5 mL饱和Na_2CO_3水溶液和4 mL蒸馏水混合。静置60 min后，使用分光光度计测定765 nm处的吸光度。所有化学分析均基于干物质（dw）的含量，DOC含量使用含水量进行校正。使用数字拉力计（HP-1K，Yueqing Handpi Instruments Co.，Ltd.）测试撕破风干叶片所需的力作为叶片韧性的衡量指标（Read and Sanson，2003）。根据凋落物中麦角固醇的含量估测叶片真菌生物量（Jiang et al.，2022）。麦角固醇的提取：将磨碎的凋落物的子样品（200 mg），放到50 mL的离心管中，向每个离心管中加入10 mL体积比为4：1的甲醇—乙醇混合物，并将样品在4℃下放置2 h。在每个试管中加入20 mL石油醚，冰浴条件下在45 kHz超声波下萃取30 min。混合液体系统分层后，将顶层（石油醚）转移到另一个离心管中。石油醚馏分在高纯度氮气流中蒸发，同时保持在30℃的水浴中（Gessner et al.，1991）。干燥后的样品重新溶于1 mL甲醇中，并通过0.45 μm聚四氟乙烯膜过滤。麦角固醇提取物通过高效液相色谱法进行定量，检测器波长为282 nm，甲醇流速为1 mL/min（Newell et al.，1988）。取回的凋落物样品存储在4℃的冰箱中待用，在一周时间内完成酶活性测定。根据Du等（2018）描述的方法，测量纤维二糖水解酶和β-葡萄糖苷酶（CBH和BG）、酸性磷酸酶（AP）和多酚氧化酶（PPO）的活性，以确定参与多糖降解、磷循环和木质素降解的微生物胞外酶活性。

4.1.3 数据分析

通过Tukey的HSD比较凋落物化学特征以及质量剩余平均值的差异显著性，两组数据之间的比较采用独立样本t检验，使用配对t检验来比较立枯前与立枯后凋落物叶片的韧性。为了确定立枯凋落物分解是否符合负指数分解模型，使用函数$M_t/M_0 = a\mathrm{e}^{-kt}$对凋落物的剩余质量进行拟合，其中$t$为分解时间（年），$M_t$为$t$时刻的凋落物质量，$M_0$为初始凋落物质量，$a$为拟合参数，$k$为分解率（Olson，1963；Guo et al.，2019）。为了评估凋落物分解过程中生物和非生物驱动因素的相对重要性变化，选择麦角固醇含量作为生物因子，降水和太阳辐射作为物理因子，凋落物碳氮比作为化学因子，采用聚合增强树（ABT）分析方法，研究了不同分解阶段降水、太阳辐射、麦角固醇含量和碳氮比对凋落物质量损失的相对影响。由于麦角固醇含量从中期开始增加，将中期与后期阶段合并进行ABT分析。ABT是一种统计学方法，可以处理多种类型的响应变量和预测变量。它同时执行回归和分类分析，与其他方法相比，ABT降低了预测误差，可用于量化和可视化交互作用（Déath，

2007）。带有ABT分析包的R软件环境用于执行ABT分析。

4.2 凋落物质量损失、理化性质及驱动因子

4.2.1 凋落物质量损失

根据凋落物中C以及N含量的阶段性变化，将降解过程划分为3个阶段，即早期（2019年10月31日至2020年1月4日，时间持续65天），中期（2020年1月4日至2020年2月27日，时间持续54天），后期（2020年2月27日至2020年4月7日，时间持续40天）。经过159天的冬季立枯降解，山胡椒凋落物质量损失达42.45%（图4-4A）。凋落物质量损失在前期达到32.23%，损失速度最快，中期达到10.56%，后期未发生明显分解（$P=0.323$）。

夏季土壤分解163天后，立枯前凋落物质量损失为30.75%，立枯后凋落物质量损失为51.73%（图4-4B）。立枯后凋落物的土壤分解速率（k值）为1.65，是立枯前凋落物的2.01倍（$k=0.82$，$P=0.003$）。此外，本研究还发现159天立枯分解的质量损失比立枯前的凋落物在163天土壤分解中的质量损失还多了11.70%。这些结果表明，冬季立枯分解导致的凋落物质量损失甚至快于夏季土壤分解者驱动的凋落物质量损失，冬季立枯阶段的遗留效应可以使凋落物掉落后的土壤分解速度加倍。

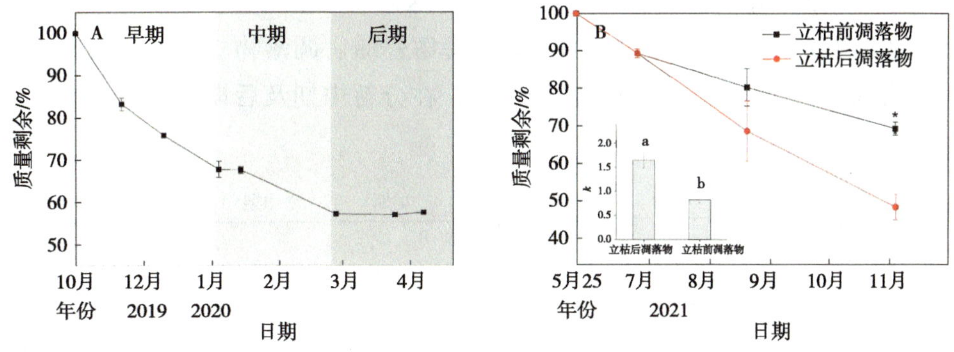

图4–4 分解过程中凋落物剩余质量变化

注：A为立枯过程中的凋落物质量剩余（$n=3$）；B为立枯前与立枯后的凋落物在土壤分解过程中的质量剩余（$n=4$）。数值为平均值±标准误。不同的字母和星号表示有显著差异（$P<0.05$）。

4.2.2 凋落物化学组分及微生物胞外酶活性变化

立枯过程中，凋落物的总碳含量在早期和中期不断下降共损失45.06%，后期阶段总碳剩余量没有显著变化（$P=0.527$）。凋落物氮含量表现出了明显的阶段性变化，降解初期凋落物总氮含量不断下降，随后在中期有所上升，并在后期呈下降趋势（图4-5A）。麦角固醇在早期含量很低且没有显著性变化（$P=0.976$），中期麦角固醇的含量开始增加，直到后期达到最高水平（图4-5B）。木质素、纤维素分别损失30.23%、34.61%。二者在降解初期就迅速被分解（图4-5C、图4-5D），仅在实验开始21天后，木质素就损失了19.87%，纤维素损失了20.25%，二者含量在后期均没有发生显著性变化（$P>0.05$）。多酚在整个降解过程中保持持续快速下降，立枯降解中凋落物总多酚含量减少了82.13%（图4-5E）。凋落物DOC的含量不断下降，除了在早期的后半部分出现了上升（图4-5F）。此外，经过立枯阶段后凋落物韧性显著下降（$P<0.001$，图4-6）。这些结果初步提示即使没有接触土壤，凋落物在立枯过程中，木质素、纤维素及多酚这些微生物难分解物质就已经被大量分解。

将凋落物纤维素、木质素、多酚分解与凋落物质量损失进行比较，发现纤维素和多酚在早期的损失速度与凋落物质量损失的速度一样快，木质素在前40天的损失速度与凋落物质量损失速度一样快（图4-7，表4-1）；从中期开始凋落物质量损失速度显著大于纤维素与木质素的损失速度（$P<0.05$），并显著小于多酚的损失速度（$P<0.05$）。这样的结果说明木质素、纤维素在立枯初期就发生了迅速分解，而到后期降解停滞。凋落物立枯分解过程中，微生物胞外酶活性在前期处于较低水平，在分解中期及后期酶活性上升，并在后期达到最高水平（图4-8）。

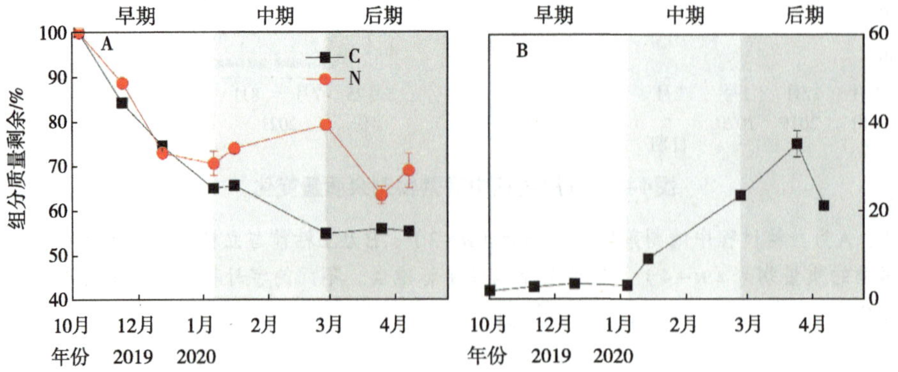

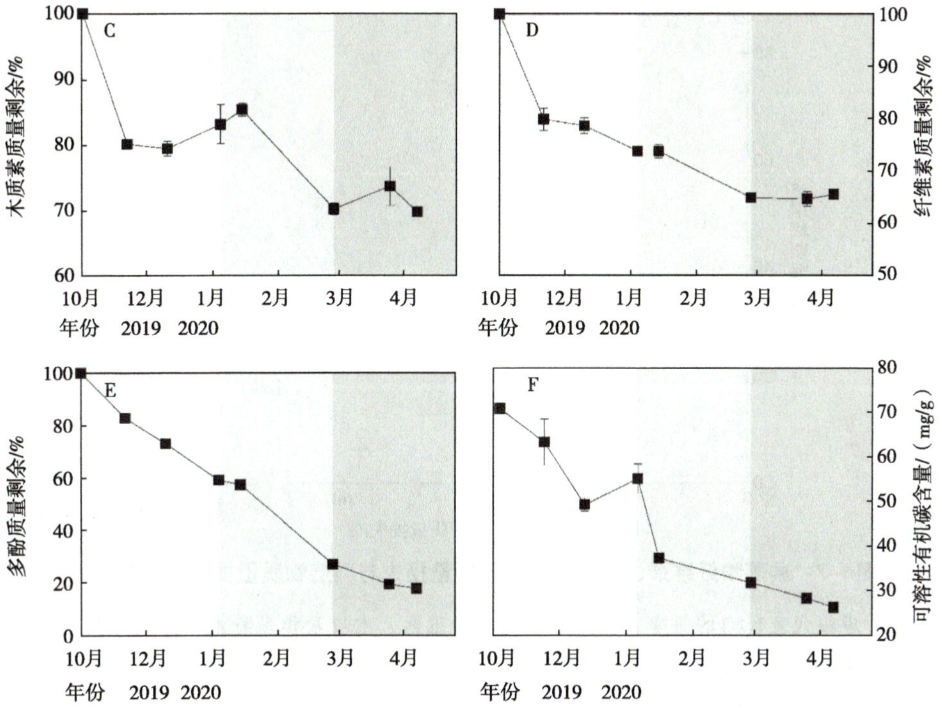

图4–5　立枯分解过程中凋落物化学组分含量变化

注：数值为平均值±标准误（n=3）。

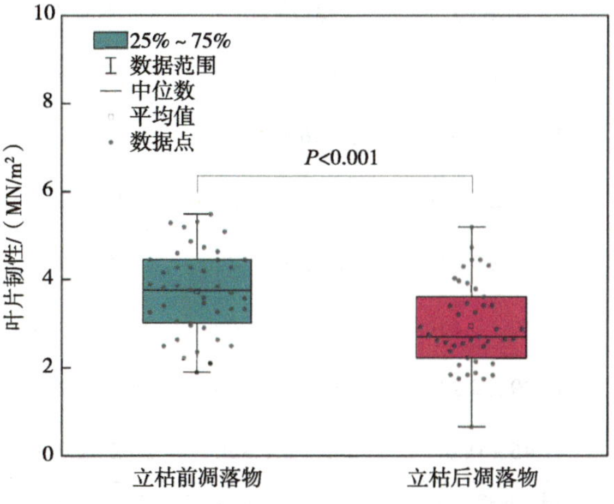

图4–6　立枯前叶片与立枯后叶片韧性的差异

注：n=43，P<0.05表示有显著性差异。

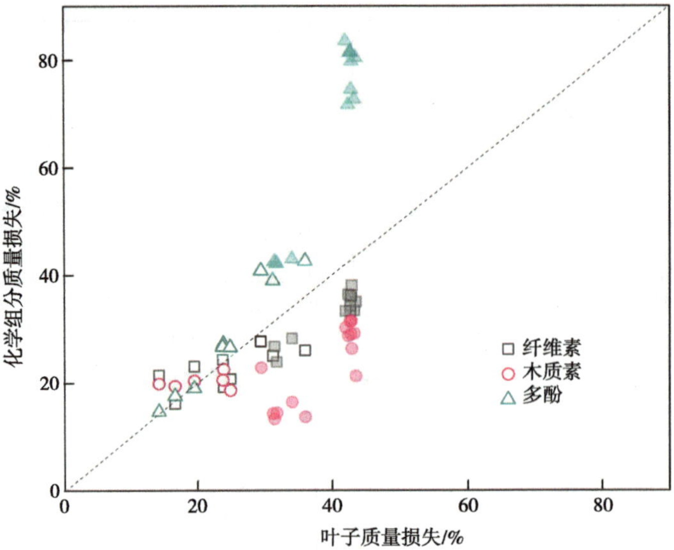

图4-7　凋落物纤维素、木质素和多酚质量损失与凋落物质量损失之间的关系

注：虚线代表1：1的斜率，实心的点代表纤维素、木质素和多酚损失与凋落物质量损失之间有显著性差异。

表4-1　凋落物质量、木质素、纤维素和多酚的累积质量损失

分解阶段	时间/天	累积质量损失/%			
		凋落物	纤维素	木质素	多酚
早期	21	16.78 ± 1.51a	20.25 ± 2.10a	19.87 ± 0.28a	17.09 ± 1.28a
	40	24.16 ± 0.36ab	21.46 ± 1.53a	20.57 ± 1.13a	26.91 ± 0.20b
	65	32.23 ± 1.95bc	26.31 ± 0.78b	16.92 ± 2.97a	40.78 ± 1.05c
中期	75	32.43 ± 0.81c	26.33 ± 1.28b	14.71 ± 0.91a	42.54 ± 0.23d
	119	42.80 ± 0.25c	35.20 ± 0.90b	29.79 ± 0.87a	73.00 ± 0.84d
晚期	146	42.99 ± 0.23c	35.48 ± 1.39b	26.34 ± 2.93a	80.61 ± 0.53d
	159	42.45 ± 0.24c	34.61 ± 0.83b	30.23 ± 0.68a	82.13 ± 0.71d

注：数值为平均值±标准误（n=3），不同字母表示凋落物质量、木质素、纤维素和多酚损失有显著差异。

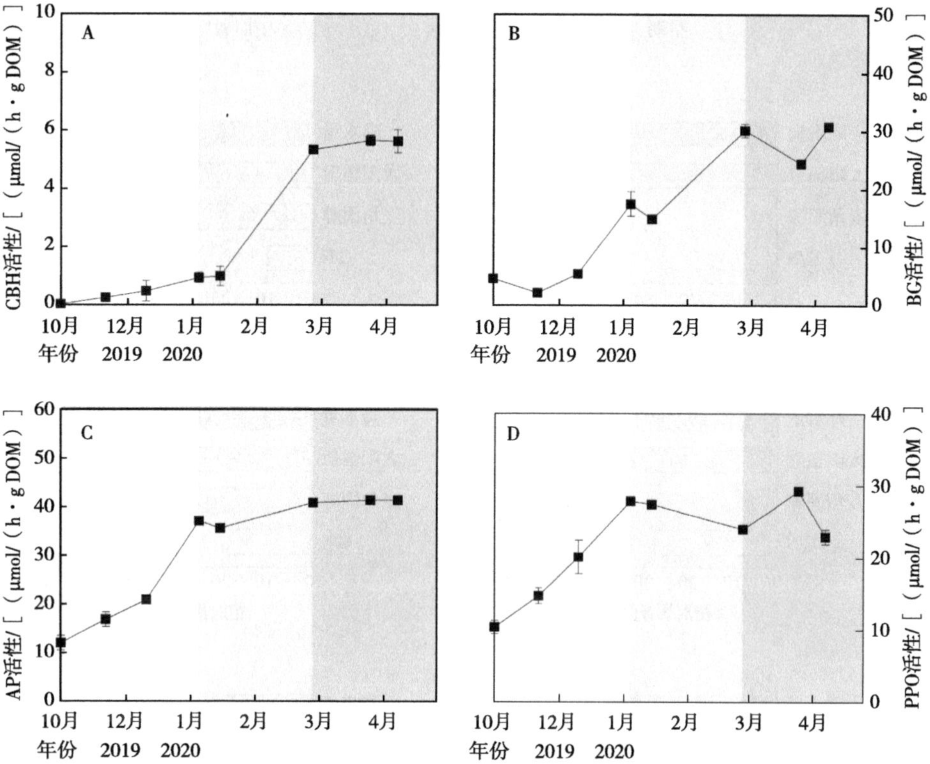

图4-8 立枯分解过程中微生物胞外酶活性的变化

注：A为纤维二糖水解酶（CBH）；B为β-葡萄糖苷酶（BG）；C为酸性磷酸酶（AP）；D为多酚氧化酶（PPO）。数值为平均值±标准误（n=3）。

4.2.3 立枯分解的生物与非生物驱动因子

使用ABT分析评估分解不同阶段非生物和生物驱动因素的相对重要性。研究结果发现立枯早期，非生物驱动因素在凋落物分解中占主导地位，尤其是太阳辐射和降水（图4-9）。太阳辐射和降水量对凋落物质量损失累积影响高达92.87%，其中太阳辐射对降解的影响占主导地位，相对影响程度为47.20%。相似地，在纤维素、木质素及多酚的早期降解中也观察到了类似的结果，非生物驱动因素太阳辐射和降水对纤维素、木质素及多酚降解的累积影响分别高达81.28%、65.81%、91.12%，太阳辐射是它们质量损失相对影响最大的因素。这些结果说明非生物因素，尤其是光降解是立枯早期的主要驱动力。

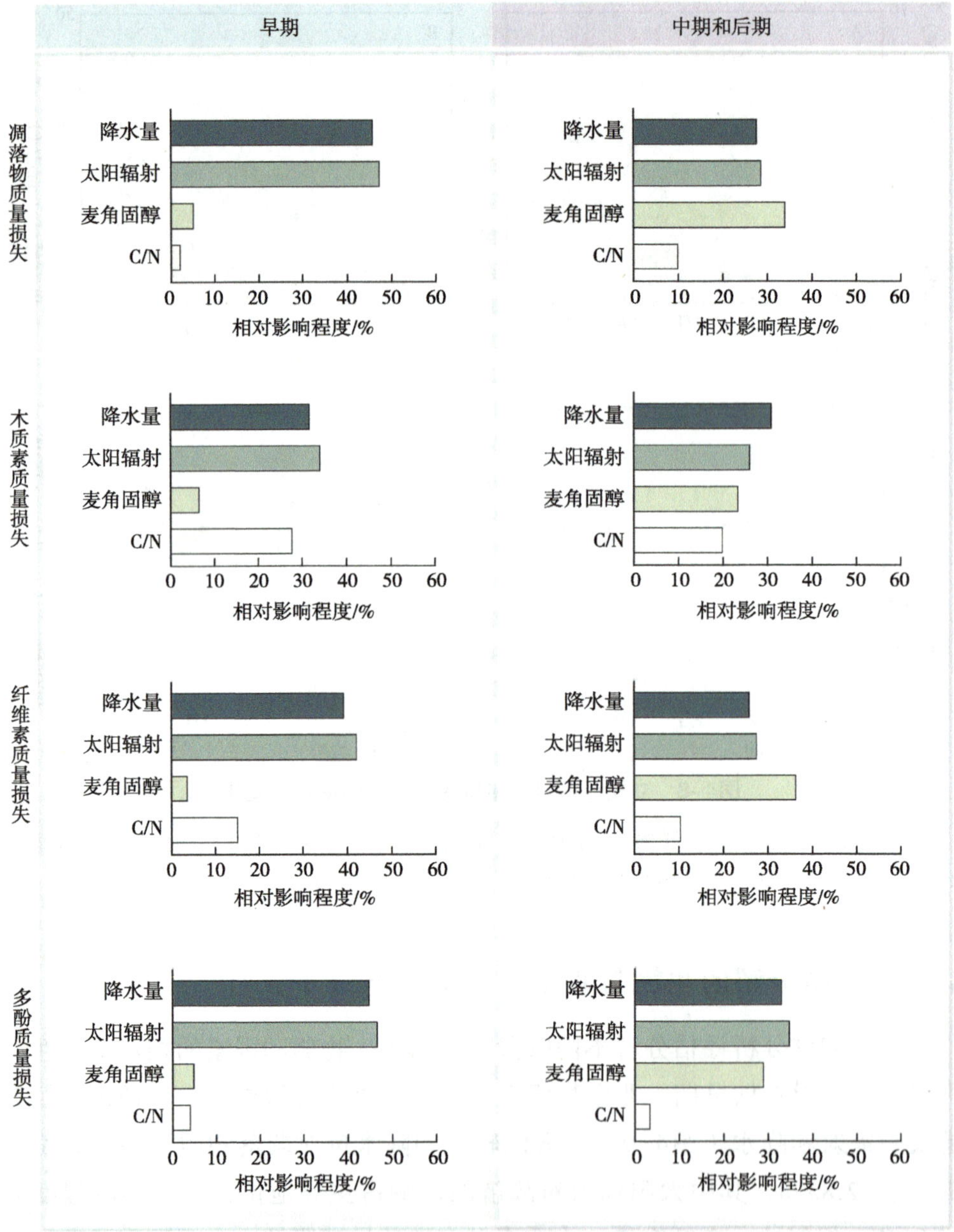

图4-9　降水量、太阳辐射、麦角固醇和凋落物C/N在立枯降解早期和中后期对凋落物质量、木质素、纤维素和多酚质量损失的相对影响程度

立枯中后期，麦角固醇对降解的相对影响程度大幅度增加。麦角固醇对凋落物质量损失的影响程度最大，为33.95%。太阳辐射与降水对凋落物质量损失的影响程度分别下降至28.56%和27.57%。相似地，非生物驱动因素对纤维素、木质素及多酚损失的累积影响程度在中后期分别为53.34%、56.81%、67.7%，麦角固醇对纤维素、木质素、多酚的影响程度上升至36.26%、23.34%、28.93%。该结果说明非生物因素仍然是影响降解十分重要的因素，微生物在立枯的中后期参与凋落物分解。

4.3　立枯凋落物分解的主要驱动因素及遗留效应

4.3.1　太阳辐射是冬季立枯分解的主要驱动因素

与本研究的假设相反，山胡椒经过一个冬天的立枯分解，质量减少超过40%。本实验选择大孔径凋落袋允许土壤动物进出、微生物内外交流、凋落物与土壤环境充分接触。立枯前凋落物在159天的立枯分解中的质量损失比163天的土壤分解中的质量损失多11.7%，说明冬季凋落物立枯分解速度快于夏季凋落物的土壤分解速度。此外，还发现大部分凋落物质量损失发生在立枯分解早期，木质素和纤维素从立枯早期开始迅速分解。这说明目前主要基于土壤分解提出的凋落物分解理论，即复杂化合物绝对含量在凋落物分解早期不会下降，而是易降解的物质优先被分解，可能并不适用于立枯分解过程（Berg and Staaf，1980）。

与土壤中凋落物分解主要由微生物矿化驱动相比，凋落物的立枯分解主要是由非生物过程驱动的。山胡椒初始氮浓度为0.8%，根据Parton等（2007）的划分属于低氮凋落物。低氮凋落物上的微生物分解者通常需要在分解早期阶段从外界吸收固定氮以满足营养需求（Frey et al.，2000；Manzoni et al.，2008），待到凋落物氮含量积累到临界值后才会发生氮释放（Parton et al.，2007）。然而在立枯初期凋落物碳与氮的质量消耗遵循1：1的关系，这意味着微生物没有固定氮，提示微生物在初期作用很小，甚至没有。此外，初期的凋落物碳氮比维持在59，高于微生物矿化所需的临界化学计量比（Parton et al.，2007），微生物生物量前期持续保持极低的水平，中期才开始上升。与土壤表面凋落物相比，立枯凋落物暴露在太阳辐射下的时间更长，受到的直接降雨冲刷也更多，这使得立枯凋落物更容易发生光降解和淋滤（King et al.，2012；Wang et al.，2017）。特别是亚热带森林中高大的落叶树在秋季落叶后，更多的太阳辐射可以直接到达立枯的凋落物。这些结果表明，立枯分解早期的凋落物快速降解不是由微生物矿化引起的，而可能是由于太阳辐射和降水等非生物因素驱动的。

太阳辐射导致的光降解是凋落物立枯分解的重要驱动因素。与在干旱地区观察到的直接矿化效应不同（Austin and Vivanco，2006；Gallo et al.，2009），亚热带森林生态系统中的太阳辐射通过将难分解化合物（如木质素和纤维素）分解为较小的可溶性有机化合物而间接发挥作用（Jiang et al.，2022）。随后这些较小的可溶性有机化合物通过降雨淋滤丢失是光降解过程中凋落物质量损失的重要途径（Huang and Li，2017；Wang et al.，2017）。在凋落物立枯分解过程中，淋溶不会导致木质素和纤维素的损失，而太阳辐射可以使这些难分解化合物破碎，促进它们通过淋溶以较小的可溶性化合物的形式快速损失。太阳辐射通过将难分解化合物破碎放大了淋溶作用的效果，以光降解为主、淋滤为辅的复合非生物过程使凋落物在立枯早期迅速分解。光降解可以快速分解难降解化合物，并且只要辐射和降雨到达凋落物，光降解和淋溶就可以快速持续地发生，较少受到环境限制（如温度）。由于非生物过程的这些优点，难降解化合物从立枯分解早期开始就迅速分解，凋落物立枯分解比土壤中生物驱动的凋落物分解更快。研究结果表明，凋落物立枯并不是一个缓慢的分解过程；相反，冬季凋落物的立枯过程是一个比土壤分解更快的分解途径。凋落物分解并不局限于土壤环境，立枯分解是凋落物分解过程中不可忽视的环节。

4.3.2　立枯分解符合指数分解规律

衰老的山胡椒叶片在立枯降解中的质量损失表现为初期分解快，中期次之，后期停滞的格局，该分解过程显著符合负指数分解模型（$R^2=0.88$，$P<0.001$）。尽管后期拥有与初期相似的太阳辐射和降水，但是在立枯后期仍然观察到了降解的“停滞”现象。Wang等（2017）在内蒙古半干旱草原以及Gliksman等（2018）在以色列干燥半湿润地中海气候区，通过将凋落物放在空中分解，同样观察到凋落物在光降解初期呈现快速分解，而后期出现质量损失平台期这一现象。凋落物光的可降解性低可能是造成光降解平台期的原因之一。光降解过程中，对于一些特定的复杂木质素结构，需要经过

一定的时间和接受一定的辐射量后才会体现出明显的结构转化（Lin et al.，2015；Cogulet et al.，2016）。推测这个平台期是因为前面过程中接受较少辐射即可发生结构转化的木质素单元损失后，剩下的复杂单元具有结构上的屏障作用，需要更长时间吸收太阳辐射以及微生物的降解作用，才能实现剩余凋落物的进一步降解。

4.3.3 冬季立枯分解的遗留效应加倍后续土壤分解速率

立枯过程虽然不能完全降解凋落物，但会通过遗留效应加倍后续的土壤生物分解。凋落物中的木质素、纤维素对微生物分解具有较强的抵抗性，在土壤丰富的微生物环境中仍需要较久的分解周期（Lin et al.，2017；Bani et al.，2018）。最初存在于凋落物中的酚类化合物也会抑制真菌，延迟分解者对凋落物的定殖，同时影响凋落物对于土壤动物的适口性（Ormeno et al.，2006；Chomel et al.，2014）。经过冬季立枯，木质素、纤维素及多酚通过光降解及淋溶丢失，含量急剧下降，从而减少了土壤动物及微生物的分解限制。此外，由于凋落物角质层的光降解（Zukswert and Prescott，2017；Logan et al.，2022）以及在立枯阶段凋落物韧性的下降，立枯后的凋落物更容易被分解者利用。立枯阶段不仅改变了凋落物的化学性状，而且对凋落物的物理结构也进行了修饰，大大提高了凋落物的生物降解性。因此立枯后凋落物在土壤环境中的分解速率是立枯前凋落物的近两倍，太阳辐射大大加快了亚热带森林生态系统凋落物地上及地下的分解进程。

太阳辐射对凋落物分解的影响可能被低估了，尤其是在森林生态系统中。大多数研究都强调了太阳辐射在干旱地区凋落物分解中的重要作用（Brandt et al.，2010；Day et al.，2015）。有趣的是，本研究发现在湿润的森林环境中，太阳辐射在更短的时间内导致了与干旱地区相同程度的质量损失，成为亚热带森林立枯凋落物分解的主要驱动力。例如，Austin和Vivanco（2006）发现在半干旱的草原生态系统中，太阳辐射在18个月内造成了40%的凋落物质量损失。然而在亚热带森林环境中，暴露在太阳辐射下，仅159天就造成了40%以上的凋落物质量损失。这样的结果表明，与旱地生态系统相比，太阳辐射在驱动湿润亚热带森林凋落物分解方面具有同样重要的作用。此外，在亚热带森林环境中，大多数新掉落的树叶被树木、灌木和下层植物或表层凋落物层拦截，而不是直接接触土壤，在那里它们暴露在冬季到达森林地面的太阳辐射下。立枯分解不仅发生在一些典型的立枯树种上，被下层植物拦截的掉落叶片同样会发生立枯分解。森林凋落物的立枯分解是一个十分关键的过程，忽略凋落物的立枯分解及其遗留效应，将无法准确描述森林生态系统的碳周转过程。

4.4 小结

本研究表明，凋落物在159天冬季立枯过程中，凋落物质量损失超过了40%，其质量损失甚至比夏季开始的163天土壤分解多了11.7%。凋落物的立枯分解主要是由非生物光降解驱动的，该过程仍符合指数降解规律。立枯分解不仅导致凋落物质量的迅速下降，而且凋落物的立枯过程还会使其在随后土壤中的分解速率加倍，这是立枯分解的遗留效应。研究结果强调了即使是在湿润的亚热带森林环境中太阳辐射对凋落物降解仍有巨大贡献，在太阳辐射的积极作用下，冬季的凋落物立枯分解是比落地分解还要快的分解方式。凋落物的立枯分解及其遗留效应是森林系统中十分重要且需要被关注的过程。

5 亚热带森林立枯过程光降解机制

由于大多数光降解研究都是在全球的干旱和半干旱地区进行的，因此在潮湿的森林生态系统中，关于紫外线辐射对植物凋落物分解的影响仍知之甚少，尽管高度湿润的环境可能通过加强小分子物质的浸出而导致光降解效应的放大。Pieristè等（2020）报道称，在芬兰的森林下层，紫外线辐射不会显著影响地表凋落物的分解。然而，在森林下层，由于树冠的遮挡阻止了直射太阳辐射到达森林地面的凋落物层，林下凋落物只能接受很少的散射光，因此在森林地表位置难以观察到明显的光降解效应。Wang等（2021）、Marinho等（2020）和Wu等（2018）的研究也提供了类似的证据，他们的研究表明在温带、热带和亚热带森林环境中，紫外线辐射对阳光照射下土壤表面凋落物的质量损失具有积极作用。但是，这些研究并没有明确区分光降解和土壤微生物降解对质量损失的贡献，导致无法确定在潮湿森林生态系统中光降解效应的量级和紫外线辐射分解凋落物的作用机制。此外，森林中的立枯凋落物由于受到更多的紫外线辐射，可能会比地表凋落物受到更大的光降解效应影响。由于在地表凋落物的研究和野外环境控制微生物分解方面存在诸多困难，迄今为止还没有发表的研究来量化紫外线辐射对潮湿森林环境中凋落物，特别是立枯凋落物分解的重要性和影响机制。

中国亚热带森林的年平均降水量在1 100～1 800 mm（Zhang et al.，2006；Lin et al.，2017）。除环境湿度高外，中国亚热带森林环境中太阳辐射还具有明显的季节特征，到达森林冠层的日最大辐射量在冬季最低为35.59 kJ/（m^2·min），夏季最大为68.24 kJ/（m^2·min）（Liao et al.，2007）。本研究选择了中国亚热带森林的一个较大的林窗间隙来测试光降解的影响。凋落物被放置于离地1 m的高度，以模拟凋落物的立枯阶段。通过控制凋落物接受到的紫外线辐射以及凋落物上的微生物定殖水平，开展了为期12个月的野外分解实验。本研究做出以下假设，一是由于林窗间隙内的立枯凋落物不接触土壤中庞大且丰富的微生物群落，因此立枯凋落物分解的主要驱动力是直接光降解，即木质素的光化学矿化导致了凋落物的质量损失；二是在不与土壤接触的立枯阶段，微生物降解非常有限，并且微生物分解会被紫外线辐射进一步抑制；三是在夏季，当紫外线辐射的辐照度最高时，紫外线辐射造成的质量损失增加，紫外线辐射对微生物的抑制作用程度达到最大（图5-1）。

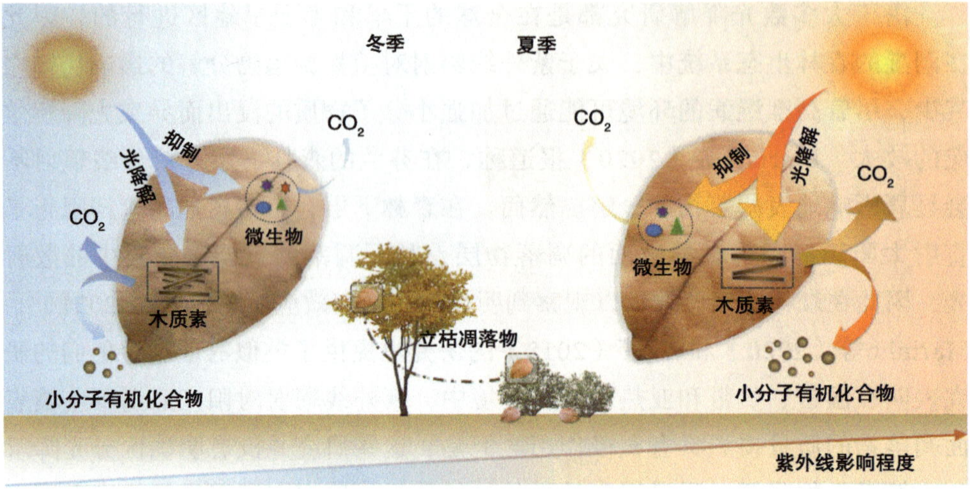

图5-1　假设的图形化表示

注：箭头粗细表示影响程度的强弱，箭头越粗表示影响越强烈。

5.1　野外原位实验设计及凋落物理化性质检测

5.1.1　野外实验设计

研究地点位于江苏省南京市紫金山（32°50′N，118°48′E，海拔约447.1 m）。选取刚枯死的山胡椒叶作为实验材料研究亚热带森林立枯凋落物的光降解机制。研究开展时间为2019年11月至2020年11月。对研究地点2019—2020年气候特征进行监测（图5-2），降水数据来源于江苏省南京市气象局（http://js.cma.gov.cn/dsjwz/njs/），辐射数据来源于实验期间的辐射测量。实验期间，除2020年5月出现了轻度缺水外，研究地点降水充沛。2019年10月31日，将采集的刚衰老的山胡椒叶在室温下风干至恒重。山胡椒凋落物初始的可溶性有机碳（DOC）含量、氮浓度（N）和碳氮比（C/N）分别为70.78 mg/g、0.83%和56.74。

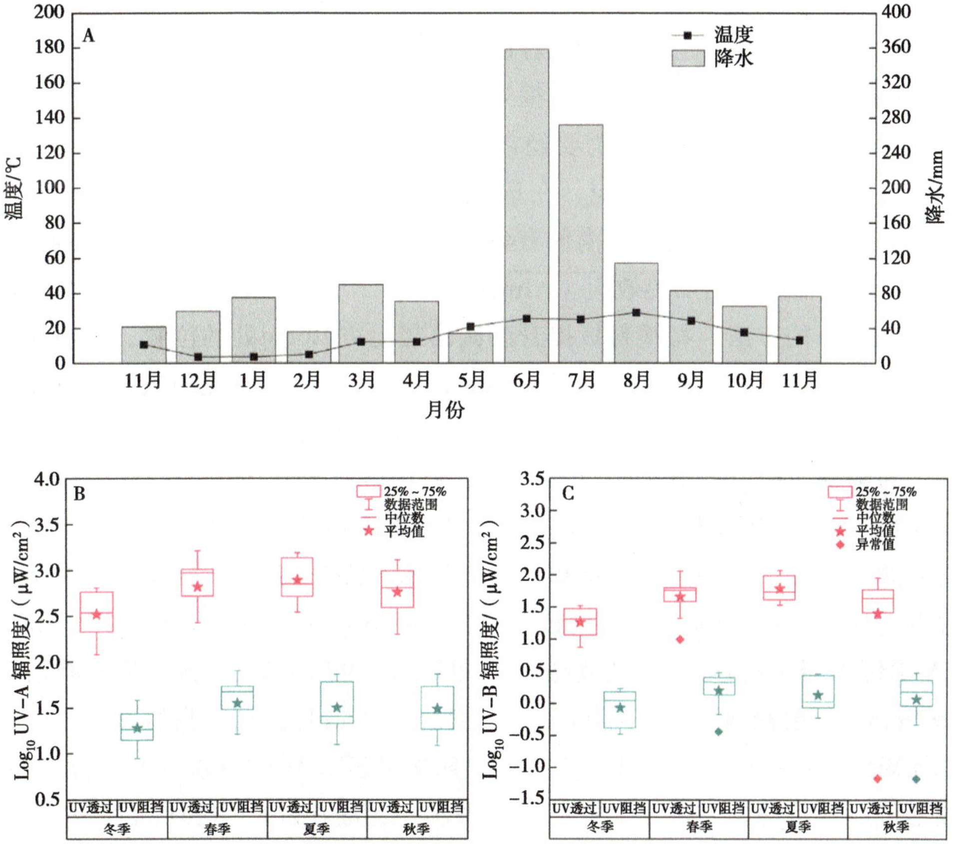

图5-2　2019年11月至2020年11月研究地点的气候特征

注：A为月总降水量和月平均温度；B为UV-A辐照度；C为UV-B辐照度。

模拟凋落物立枯在紫金山林窗间隙处开展原位降解实验，凋落袋被放置在距离地面1 m的钢架上（长×宽×高为1.6 m×0.6 m×1.2 m，图5-3）。实验采用2×2的析因设计，包括两种紫外线处理（紫外线透过和紫外线阻挡）以及两种微生物处理（施加杀菌剂和不施加杀菌剂）。为了控制不同程度的紫外线辐射，使用了两种类型的塑料板（2 mm厚），能够透过紫外线的透明亚克力板（紫外线透过，可以透过90%的UV-A和UV-B辐射）和具有紫外线阻挡效果的聚碳酸酯板（紫外线阻挡，可以阻挡90%的UV-A和UV-B辐射）。这两种类型的塑料板可以有效地透过或阻挡紫外线辐射（280～400 nm），而不影响光合有效辐射（PAR，400～700 nm）（Austin and Vivanco，2006；Brandt et al.，2007；Erdenebileg et al.，2018；Wang et al.，2021）。为了避免太阳辐射直接照射，并确保紫外线处理的有效性，根据Wang等（2017）的方法，在框架的顶部和南面都安装了塑料板。为了保证透光率的准确性，塑料板需要经常清洁，并及时更换损坏的板子。为了减少塑料板对凋落物的混淆效应，在塑料板上制作了直径为5 mm并且均匀分布的孔洞（顶部有112个孔洞，南侧有48个孔洞），这样可以确保降水渗透并避免由于遮挡而产生的加热效应（Almagro et al.，2015）。此外，按照Brandt等（2010）的方法，将塑料板提升到凋落袋上方20 cm处的位置，并将凋落袋放置在钢丝网板上（孔径5 cm × 5 cm，图5-3）。本研究测量了环境温度和塑料板下的温度，在这两种环境中没有发现显著的温度差异。

为确保本研究的紫外线处理有效，使用带有单独传感器的紫外线辐射计（FZ-A，北京师大光电技术有限公司）来测量UV-A和UV-B辐射以及光合有效辐射计（FGH-1，北京师大光电技术有限公司）测量PAR。UV-A传感器（UV-365）的光谱响应曲线覆盖320～400 nm，最大峰值在365 nm。UV-B传感器（UV-297）的光谱响应曲线覆盖275～330 nm，最大峰值在297 nm。辐射测量从2019年11月持续到2020年11月，辐射测量在全年随机的无雨天（11：30—13：00）进行。辐射测量频率为每月4次或3次，测量间隔尽可能保持均匀，由于新冠疫情的限制，无法在2020年1月24日至3月14日测试辐射数据（图5-4）。在该项实验中，UV透过处理平均透过87.26%（SE＝0.9%）的UV-A和81.53%（SE＝2.2%）的UV-B辐射。在UV阻挡处理中，UV-A和UV-B辐射分别平均减少了95.42%（SE＝0.1%）和97.04%（SE＝0.1%）。两种塑料板都允许超过86%的PAR，其中UV透过处理为89.79%（SE＝0.8%），UV阻挡处理为86.33%（SE＝0.9%），二者没有显著差异。

杀菌剂由17.5 g/m^{2}克菌丹、15 g/m^{2}百菌清［参考Austin and Vivanco（2006）］和15 mL/m^{2}噻菌铜组成，这样可以增强对细菌的抑制效果。在施加杀菌剂的处理组中，将杀菌剂悬浮液（2 L/m^2）均匀地喷洒在凋落物上。为了明确杀菌剂喷洒周期，对杀菌剂抑菌效果的时效性开展预实验，计数方法和杀菌剂配制与正式实验一致。根据预实验的结果，选择每1.5个月喷洒一次杀菌剂（图5-5）。在没有杀菌剂的处理中，施加去离子水，去离子水的用量为2 L/m^2。

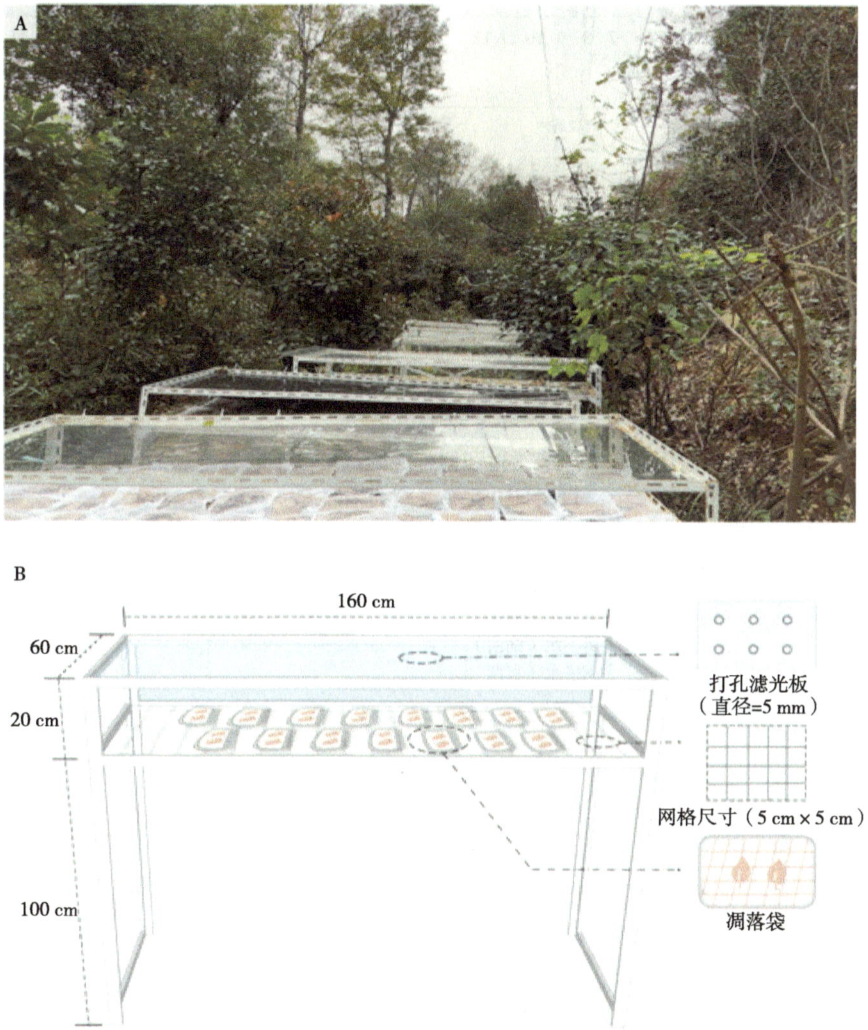

图5-3　现场实验装置示意图

注：A为在林窗间隙中共设置8个钢架，照片拍摄于2020年11月18日；B为附有穿孔塑料板和金属网板的钢架示意图，塑料板安装在框架的顶部和南面。

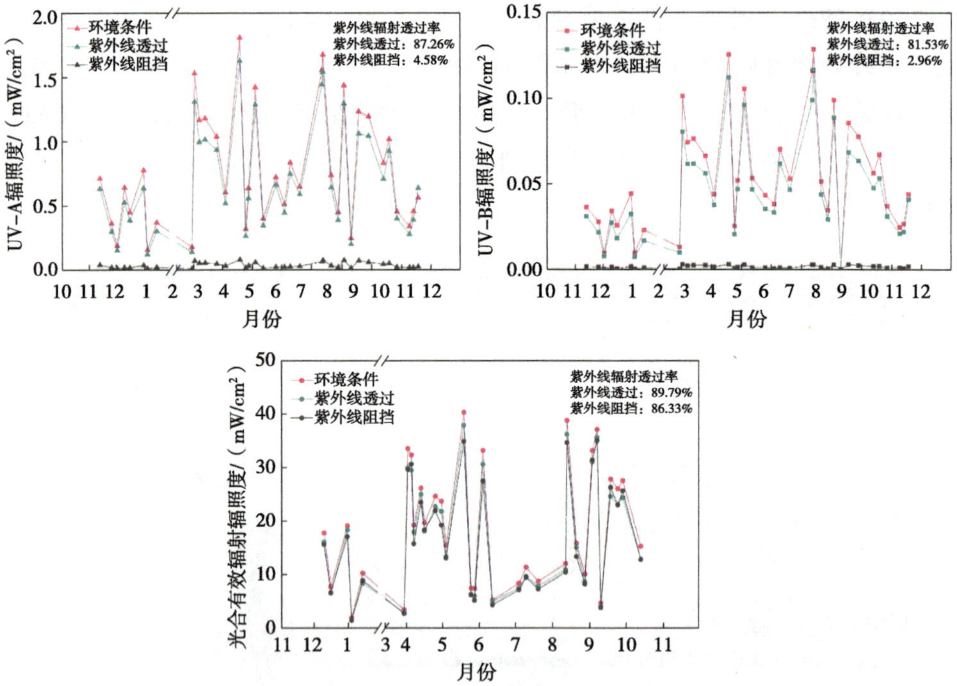

图5-4　实验期间在紫外线透过和紫外线阻挡处理下研究地点的UV-A、UV-B和PAR波段的辐照度

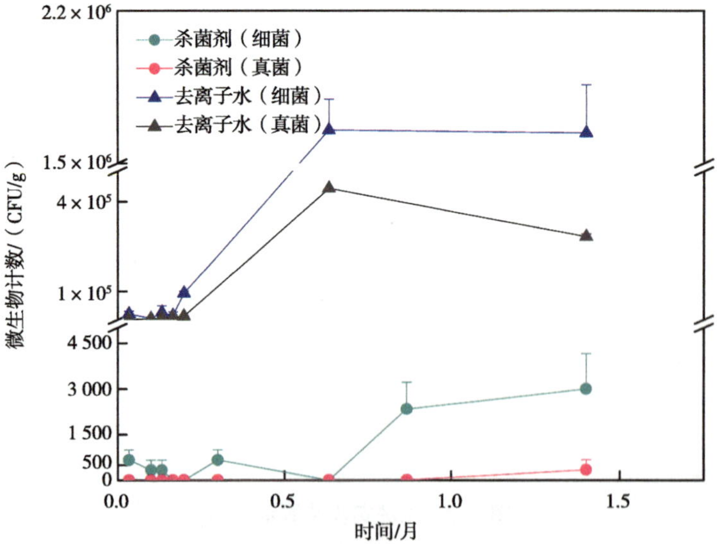

图5-5　在环境光照条件下，杀菌剂对凋落物微生物定殖的影响

注：数值为平均值±标准误（n=3）。

5.1.2 凋落袋设置与回收

实验于2019年11月18日开始，一共在钢架上放置了192个凋落袋（4个处理×8个回收时间×6个重复）。为尽可能减少凋落袋的遮光影响同时避免凋落物堆积，将2 g干燥的山胡椒凋落物均匀地放入网眼孔径为4 mm的凋落袋（15 cm×21.5 cm）中（凋落袋网可阻挡25%的UV-A和UV-B辐射以及10%的PAR）。在实验开始后第28天、第57天、第101天、第141天、第165天、第199天、第269天和第366天，从每个处理中回收6个凋落袋，以确定凋落物分解情况。回收的凋落袋中的凋落物一半用于评估真菌生物量、菌落形成单位（CFU）、酶活性、总多酚和可溶性有机碳。剩余的一半在55℃的烘箱中干燥以确定木质素、纤维素和剩余凋落物质量。

5.1.3 凋落物化学性质及微生物分析

通过室温下将200 mg收集的凋落物样品与30 mL去离子水在黑暗中振摇24 h来提取凋落物可溶性有机碳（Wang et al.，2017）。使用总有机碳分析仪（TOC-L，Shimadzu，Japan）分析提取物的可溶性有机碳浓度。使用元素分析仪测定总碳和氮浓度。使用木质素测定试剂盒（Solarbio Science & Technology Co.，Ltd.，Beijing，China）检测木质素含量。根据Vansoest等（1991）提出的方法计算纤维素含量。使用Folin-Ciocalteu方法评估总多酚的含量（Santonja et al.，2018）。所有化学分析均基于干物质（dw）的含量。凋落物DOC浓度值使用凋落物含水量进行校正。

回收的凋落物被放置于4℃下保存并在一周内完成酶活性的测定。根据Du等（2018）的方法测量了参与木质素和纤维素降解的胞外酶［纤维二糖水解酶（CBH）、β-葡萄糖苷酶（BG）和多酚氧化酶（PPO）］活性。使用平板计数法确定细菌和真菌的数量（Austin and Vivanco，2006）。同时，根据凋落物中的麦角固醇含量估算真菌生物量（Newell et al.，1988；Gessner et al.，1991；Ruzicka et al.，1995）。

菌落形成单位（CFU）的提取和检测方法：200 mg凋落物样本在10 mL缓冲溶液（0.88% NaCl）中提取微生物悬浮液。将200 μL稀释的悬浮液涂布在培养基平板上，以测定细菌（牛肉提膏—蛋白胨琼脂培养基）和真菌（马铃薯葡萄糖琼脂培养基，含50 μg/mL四环素和200 μg/mL链霉素）菌落数。

将涂布后的培养基平板在28℃下孵育48 h并计数菌落形成单位（CFU）。

麦角固醇的提取和检测方法：称取200 mg磨碎的凋落物样品并放入50 mL离心管中。将10 mL体积比为4：1的甲醇—乙醇混合溶液加入每个离心管中，样品在4℃下保存2 h。然后向每个试管中加入20 mL石油醚（沸点90～120℃），并在45 kHz超声下提取30 min，同时保持冰浴（Ruzicka et al.，1995）。待混合液体分层后，将顶层（石油醚）液体转移到另一个离心管中。使用氮吹仪将石油醚组分在高纯度氮气流下蒸发，同时离心管保持在30℃的水浴中（Gessner et al.，1991）。然后将干燥后的样品重新溶解在1 mL甲醇中并通过0.45 μm孔径的聚四氟乙烯膜过滤。萃取的麦角固醇通过高效液相色谱（HPLC）进行定量，检测器波长为282 nm，甲醇流速为1 mL/min（Newell et al.，1988）。

5.1.4 数据分析

使用双因素方差分析评估凋落物化学性质和微生物定殖数据，其中紫外线和杀菌剂处理是主要因素。通过Tukey的显著差异检验法比较麦角固醇含量和质量损失的平均值。两组数据之间的比较采用独立样本*t*检验。在没有施加杀菌剂的处理中，紫外线照射导致的净质量损失的增加计算为[（质量损失$_{紫外线透过}$-质量损失$_{紫外线阻挡+杀菌剂}$）-（质量损失$_{紫外线阻挡}$-质量损失$_{紫外线阻挡+杀菌剂}$）]/（质量损失$_{紫外线阻挡}$-质量损失$_{紫外线阻挡+杀菌剂}$）×100%。此外，根据Berenstecher等（2020）的方法计算了紫外线、微生物和紫外线与微生物的相对影响，以评估不同驱动因素对凋落物分解的重要性。相对影响效应计算为[（质量损失$_{处理组}$-质量损失$_{对照组}$）/质量损失$_{对照组}$]，其中处理组是紫外线（紫外线透过+杀菌剂）、微生物（紫外线阻挡）、紫外线与微生物（紫外线透过）和对照组（紫外线阻挡+杀菌剂）。聚合增强树（ABT）分析用于确定紫外线照射下微生物降解活性和紫外线辐照度对增加的凋落物质量损失的相对影响。在微生物存在的情况下，紫外线照射导致的凋落物分解加速的幅度计算为质量损失$_{紫外线透过}$-质量损失$_{紫外线阻挡}$。ABT分析是一种统计学方法，可以处理多种类型的响应变量和预测变量。它同时执行回归和分类分析，与其他方法相比，ABT分析降低了预测误差，可用于量化和可视化交互作用（De'ath，2007；Liu et al.，2021）。带有ABT软件包的R软件环境用于执行ABT分析。

5.2 立枯凋落物生物化学特征及驱动因素

5.2.1 微生物定殖

在没有施加杀菌剂的处理中，真菌生物量在紫外线透过和紫外线阻挡条件下均显示出持续上升的趋势（图5-6）。在每个取样时间，紫外线透过和紫外线阻挡处理之间的真菌生物量没有显著差异（$P>0.05$）。在整个实验过程中，紫外线辐射对真菌和细菌定殖没有显著影响（$P>0.05$）。

相反，在使用杀菌剂的处理中，真菌和细菌种群受到杀菌剂的显著影响（$P<0.05$；图5-6，表5-1）。杀菌剂的施加几乎完全消除了可培养的凋落物真菌种群，并将可培养的细菌数量减少了至少一个数量级。此外，在没有施加杀菌剂的处理中，紫外线辐射对酶活性没有明显影响（图5-7）。微生物的胞外酶活性（PPO、BG、CBH）在冬季最低，春季持续上升，秋季达到最高水平。

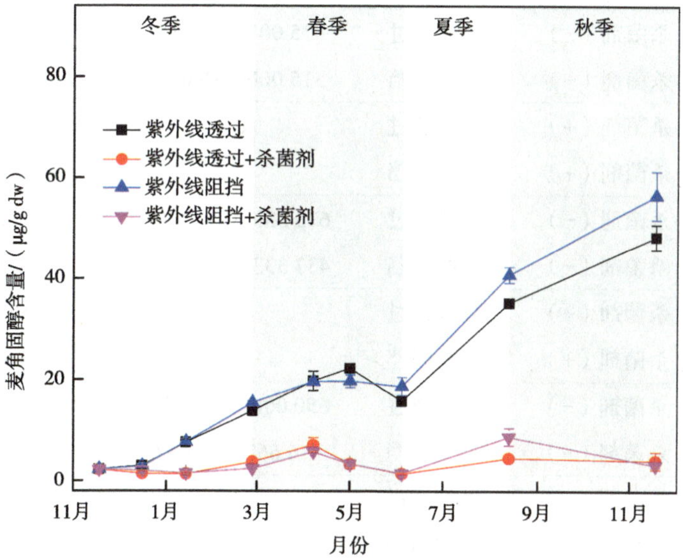

图5-6 实验期间凋落物麦角固醇含量的变化

注：数值为平均值±标准误（$n=3$）。

表5–1　来自凋落物提取物的真菌和细菌的菌落形成单位

日期（年/月/日）	杀菌剂处理	光照处理	真菌计数	细菌计数
2019/12/16	杀菌剂（–）	紫外线透过	4 667 ± 666	217 000 ± 96 779
	杀菌剂（–）	紫外线阻挡	7 833 ± 1 013	95 667 ± 8 348
	杀菌剂（+）	紫外线透过	167 ± 167	0
	杀菌剂（+）	紫外线阻挡	667 ± 667	0
2020/1/14	杀菌剂（–）	紫外线透过	28 667 ± 6 366	324 333 ± 87 341
	杀菌剂（–）	紫外线阻挡	22 000 ± 8 500	394 833 ± 63 344
	杀菌剂（+）	紫外线透过	0	167 ± 167
	杀菌剂（+）	紫外线阻挡	0	0
2020/2/27	杀菌剂（–）	紫外线透过	328 333 ± 34 801	856 667 ± 27 284
	杀菌剂（–）	紫外线阻挡	371 667 ± 26 193	878 333 ± 26 822
	杀菌剂（+）	紫外线透过	0	0
	杀菌剂（+）	紫外线阻挡	0	0
2020/4/7	杀菌剂（–）	紫外线透过	425 000 ± 67 515	2 795 000 ± 393 266
	杀菌剂（–）	紫外线阻挡	315 000 ± 16 073	2 865 000 ± 169 877
	杀菌剂（+）	紫外线透过	0	0
	杀菌剂（+）	紫外线阻挡	0	333 ± 333
2020/5/1	杀菌剂（–）	紫外线透过	633 333 ± 392 994	2 266 667 ± 504 425
	杀菌剂（–）	紫外线阻挡	433 333 ± 145 297	2 216 667 ± 284 800
	杀菌剂（+）	紫外线透过	0	167 ± 167
	杀菌剂（+）	紫外线阻挡	0	500 ± 500
2020/6/4	杀菌剂（–）	紫外线透过	650 000 ± 229 129	2 783 333 ± 101 379
	杀菌剂（–）	紫外线阻挡	416 667 ± 72 648	2 633 333 ± 491 031
	杀菌剂（+）	紫外线透过	0	333 ± 333
	杀菌剂（+）	紫外线阻挡	0	0
2020/8/13	杀菌剂（–）	紫外线透过	766 667 ± 187 823	6 616 667 ± 1 937 638
	杀菌剂（–）	紫外线阻挡	500 000 ± 189 296	4 283 333 ± 1 656 887
	杀菌剂（+）	紫外线透过	0	216 667 ± 116 625
	杀菌剂（+）	紫外线阻挡	0	247 000 ± 71 942

（续表）

日期（年/月/日）	杀菌剂处理	光照处理	真菌计数	细菌计数
2020/11/18	杀菌剂（-）	紫外线透过	1 283 333 ± 260 342	3 350 000 ± 1 169 402
	杀菌剂（-）	紫外线阻挡	1 166 667 ± 518 277	2 583 333 ± 797 043
	杀菌剂（+）	紫外线透过	0	7 500 ± 7 500
	杀菌剂（+）	紫外线阻挡	0	167 ± 167

注：（-）代表不使用，（+）代表使用。培养48 h后进行计数，数值为平均值 ± 标准误（n=3）。

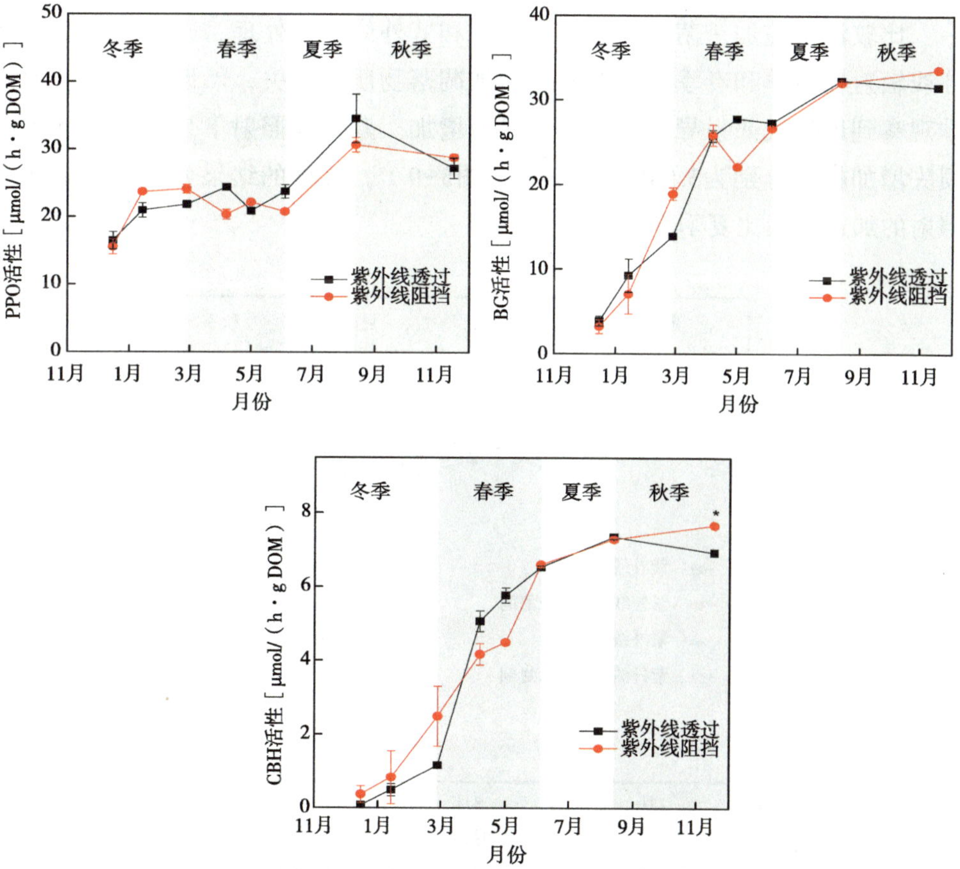

图5-7　在没有施加杀菌剂的情况下紫外线透过和紫外线阻挡处理中微生物胞外酶活性的季节性变化

注：数值为平均值 ± 标准误（n=3）。

5.2.2 凋落物质量剩余

在未施加杀菌剂紫外线透过处理组中，凋落物分解一年后，质量损失高达40.63%。在未施加杀菌剂紫外线阻挡处理组中，立枯凋落物的质量损失最终达到27.68%（图5-8）。在施加杀菌剂的处理组中，紫外线透过条件下的质量损失为16.30%。施加杀菌剂的紫外线阻挡处理组中，质量损失为15.54%。在没有施加杀菌剂的情况下，紫外线辐射使凋落物的净质量损失增加了106.67%。在施加了杀菌剂的处理组中，紫外线辐射对凋落物质量损失没有显著影响（$P=0.715$）。这些结果表明，紫外线辐射使立枯凋落物的微生物降解速度加倍。

比较没有施加杀菌剂的紫外线透过和紫外线阻挡处理，研究结果发现紫外线辐射在冬季和春季并没有显著增加凋落物质量损失，然而，在夏季和秋季观察到紫外线照射导致质量损失显著增加。紫外线照射下夏季和秋季质量损失增加幅度分别为3.54%和6.34%（图5-9），这样的结果表明秋季紫外线照射的加速作用比夏季更强。

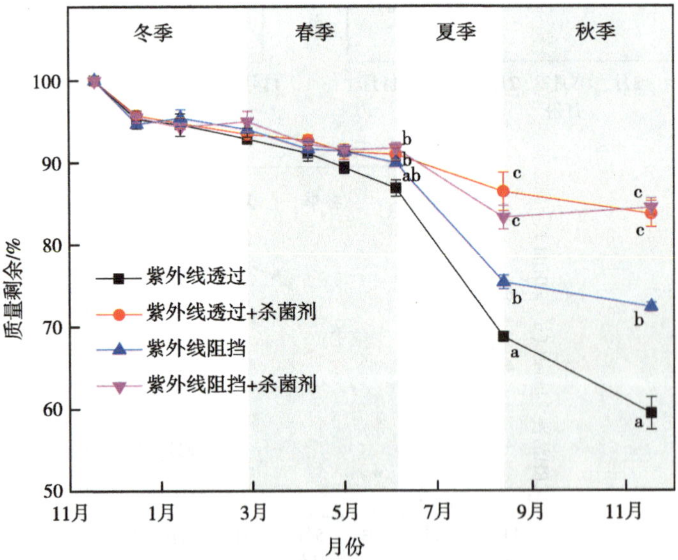

图5-8 不同紫外线条件下施加和不施加杀菌剂处理的凋落物剩余质量的变化

注：数值为平均值±标准误（$n=3$），不同字母表示不同组间差异显著（$P<0.05$）。下同。

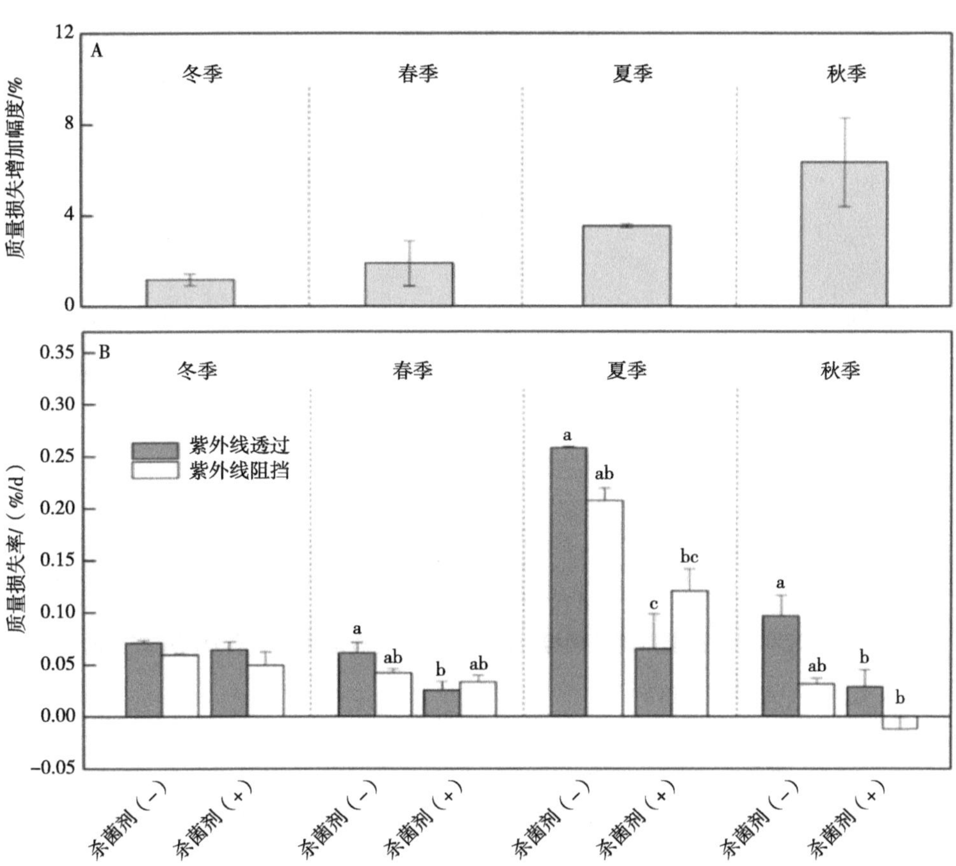

图5-9　紫外线辐射导致质量损失增加幅度及各季节凋落物质量损失率

注：A为在微生物存在的情况下，紫外线照射导致凋落物分解增加的幅度；B为在不同的紫外线条件下，施加杀菌剂与不施加杀菌剂的处理组在不同季节的质量损失率。数值为平均值±标准误（n=3）。

5.2.3　凋落物化学性质

在没有施加杀菌剂的处理组中，紫外线辐射通过增加木质素与纤维素的损失显著加速了凋落物的碳释放，经过一年的分解后，纤维素和木质素的质量损失分别增加了14.75%（P=0.004）和16.72%（P=0.030）。然而，紫外线辐射对多酚的分解没有显著影响（P=0.173，图5-10）。除冬季最后一次采样外，大部分实验期间紫外线透过和紫外线阻挡处理之间的凋落物可溶性有机碳含量没有显著差异（P>0.05）。在冬季结束时紫外线透过处理中的可溶性有机碳含量显著高于紫外线阻挡处理（P=0.042，图5-11）。

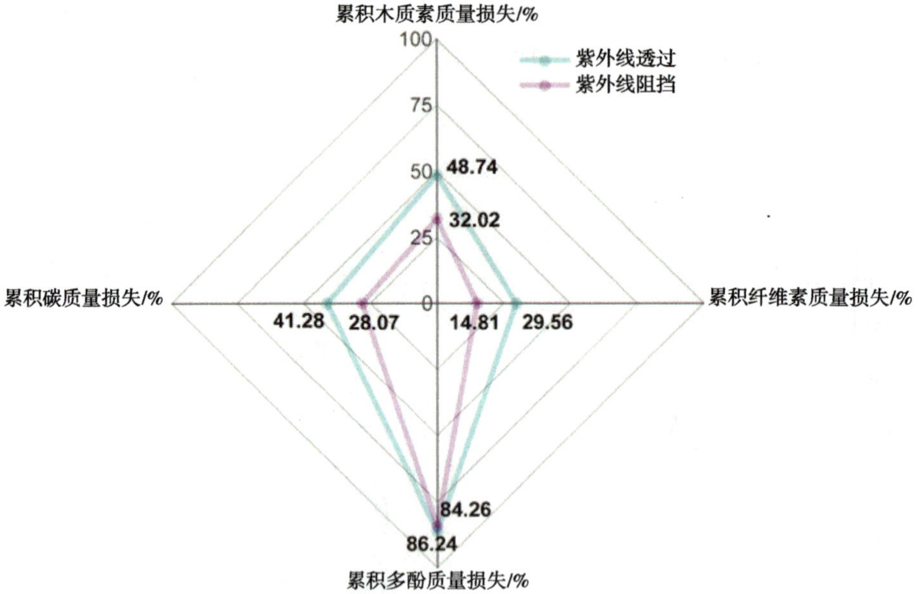

图5-10　在没有施加杀菌剂的处理组中紫外线辐射对凋落物化学成分质量损失的影响

注：数值为平均值（n=3）。

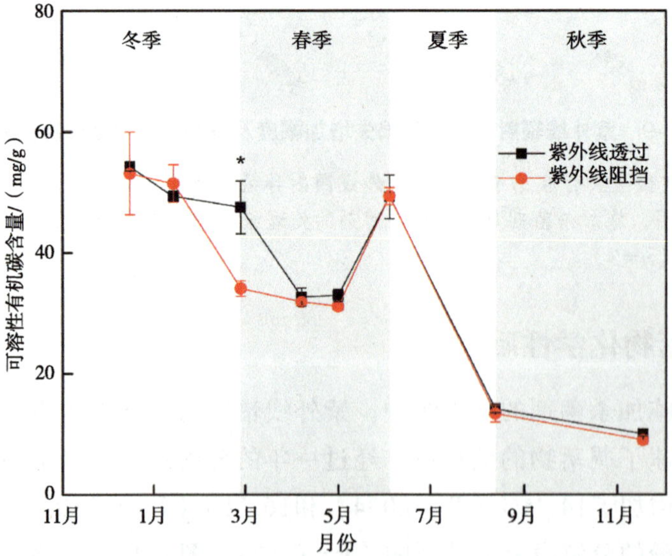

图5-11　没有施加杀菌剂的紫外线透过和紫外线阻挡处理组中可溶性有机碳含量的变化

注：星号表示紫外线透过和阻挡处理组之间存在显著性差异（P<0.05）。数值为平均值±标准误（n=3）。

5.2.4 凋落物分解的生物与非生物驱动因素

当整合全年的凋落物碳、木质素和纤维素质量损失时，在没有微生物的情况下，紫外线辐射对这些凋落物组分的质量损失没有显著影响（$P > 0.05$）。但是，微生物的存在大大增加了紫外线辐射对凋落物碳、木质素和纤维素分解的影响（图5-12）。此外，与没有紫外线辐射的微生物降解相比，两种驱动因素的组合对分解的影响更大。

在证明了紫外线辐射和微生物的联合作用是加速分解的驱动因素之后，确定哪个驱动因素控制了一年中在紫外线辐射下所观察到的质量损失的增加幅度，因此，着重分析这两个驱动因素在增加凋落物质量损失方面的影响差异（图5-13）。结果表明，微生物降解活性是影响紫外线辐射照射下观察到的分解增加幅度的主要驱动因素，相对重要性达到73.8%。而紫外线辐照度在影响分解增加幅度方面的重要性较低，其相对重要性为26.2%。

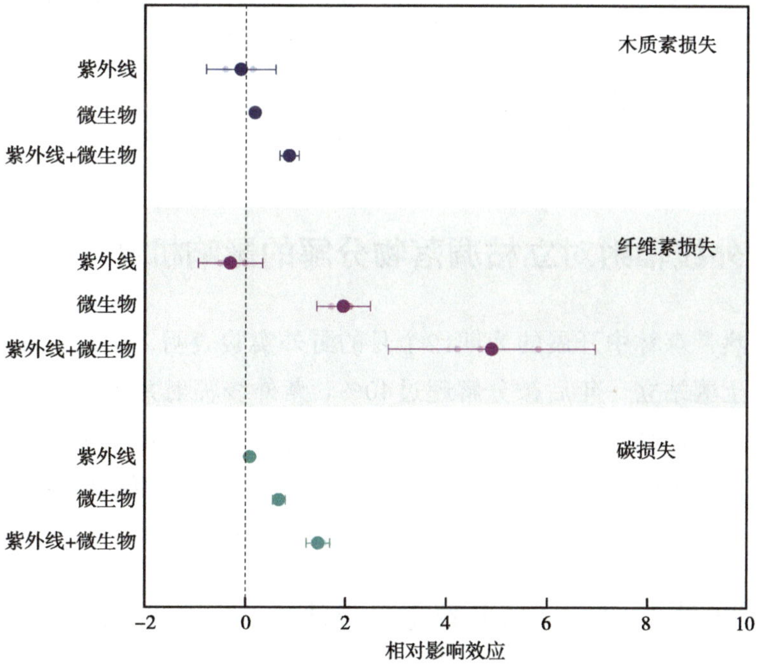

图5-12 紫外线辐射、微生物和紫外线与微生物联合作用对木质素、纤维素和碳质量损失的相对影响效应

注：图中较大的圆符号表示具有95%置信区间的平均值（$n = 3$），小圆符号表示所有重复的单个数据点。

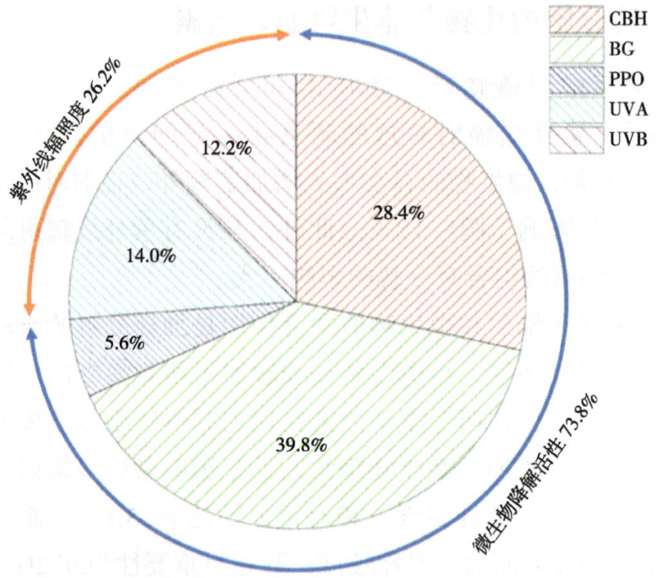

图5-13 紫外线辐照度和微生物胞外酶活性对紫外线照射下观察到的凋落物质量损失增加幅度的相对影响

注：CBH为纤维二糖水解酶活性；BG为β-葡萄糖苷酶活性；PPO为多酚氧化酶活性；UVA为UV-A辐射辐照度；UVB为UV-B辐射辐照度。

5.3 紫外线辐射对立枯凋落物分解的影响机制

在亚热带森林中开展的为期12个月的野外实验表明，凋落物在林窗环境中不接触土壤站立一年后被分解超过40%。紫外线辐射并不会直接矿化有机物，而是通过提高木质素和纤维素的生物可降解性来增加微生物的矿化。尽管立枯位置的凋落物不受土壤微生物群落的影响，但实验结果表明微生物在立枯凋落物分解中仍然起关键作用，尤其是在夏季和秋季。

5.3.1 紫外线照射下立枯分解十分迅速

比较土壤中凋落物分解速率与立枯阶段的凋落物分解速率后，发现这两个分解位置具有几乎相同的分解凋落物的能力。例如，在紫外线辐射的积极影响下，即使没有接触土壤，山胡椒凋落物在12个月的站立分解后的质量损失高达40.63%。而在相同的实验地点，经过12个月的土壤分解后山胡椒凋落物的质量损失为55.9%（努买买提·木依东，未发表的数据）。与本研究结果一致，Wang等（2017）在中国内蒙古和Gliksman等（2018）在以色列的地中海气候区开展的实验都表明，立枯的凋落物比土壤表面的凋落物分解得更快。这些结果表明，凋落物在接触土壤之前就已经发生了分解，并且凋落物在立枯阶段的质量损失很大。本研究结果强调，与土壤系统中的微生物分解相比，紫外线辐射也是生态系统凋落物分解过程中一个非常重要且不可忽视的驱动因素，即使在潮湿的森林系统中也是如此。

许多研究都强调了紫外线辐射对旱地凋落物分解具有重要的加速作用（Austin and Vivanco，2006；King et al.，2012；Day and Bliss，2020）。紫外线对潮湿森林系统中凋落物分解的影响程度不弱于旱地的证据。例如，凋落物在索诺兰沙漠中暴露于紫外线辐射14个月后，质量损失增加了10%（Day et al.，2015），凋落物在加利福尼亚草原接受了12个月的紫外线辐射后，质量损失增加了约5%（Lin and King，2014）。在本实验地点，紫外线辐射在微生物存在的情况下12个月后使质量损失增加了13%。相似地，Marinho等（2020）发现，在巴西潮湿的热带生态系统中，去除UV-B后，质量损失的减少在更短的时间内达到与干旱气候相同的程度。Wang等（2021）也发现，太阳辐射在温带森林中导致了比干旱环境更快的降解速度。潮湿生态系统中紫外线辐射更强的影响效果表明，紫外线辐射在全球范围内的影响可能比目前主要基于旱地结果的估计值要大。

5.3.2 紫外线辐射通过光易化途径加速凋落物分解

与在缺水环境中观察到的直接光降解效应相比（Austin and Vivanco，2006；Gallo et al.，2009），本研究发现在亚热带森林环境中紫外线辐射主要通过间接光易化效应加速暴露于紫外线辐射下的凋落物分解进程。紫外线辐射并没有杀死微生物，反而使微生物降解加倍。与前人的研究结果一致（Brandt et al.，2007；Day et al.，2007；Austin and Ballare，2010），亚热带森林中的紫外线辐射显著促进了木质素和纤维素的损失；不同之处在于紫外线辐射不能直接矿化它们导致质量损失，而是通过改变凋落物的化学性质并间接加速了木质素和纤维素的微生物降解。木质素中的发色结构可以作为光敏剂，吸收辐射并促进木质素或纤维素中的非发色结构的化学转化，最终改变木质素和纤维素的化学结构（King et al.，2012）并导致凋落物中可溶性有机碳含量上升。这些变化增加了木质素和纤维素的可降解性，促进了微生物降解。

在间接光易化过程中，微生物分解是紫外线效应的最终原因。紫外线照射下观察到的质量损失增加的幅度在很大程度上取决于微生物的降解活性，这表明紫外线照射引起的降解差异在微生物活动最高时可以达到最大。因此，与本研究假设相反，在秋季微生物的胞外酶活性最高时观察到紫外线照射导致的质量损失增加幅度最大。当微生物在冬季和春季都处于相对不活跃状态时，尽管春季的紫外线辐照度比冬季强很多，但质量损失没有显著增加。此外，夏季微生物降解活性弱于秋季，因此在紫外线照射下观察到的质量损失增加不如秋季大。与本研究结果相似，Foereid等（2010）、Lin等（2018）和Wang等（2015）最近的几项实验室研究表明，光易化是紫外线辐射下凋落物质量损失更重要的途径，但光易化导致的降解加速在很大程度上需要取决于微生物分解。

紫外线辐射对凋落物可溶性有机碳含量的积极影响已被广泛报道（Wang et al.，2015；Wang et al.，2017）。在本研究中同样也观察到了这种现象，可溶性有机碳含量提升明显发生在冬季结束时。造成这一结果的原因可能是冬季的低微生物生物量和较低的活性导致可溶性有机物的消耗较少，使得紫外线辐射对可溶性有机碳含量的提升作用更明显。随着夏季和秋季微生物生物量和生物活性的增加，紫外线辐射对凋落物可溶性有机碳含量的积极影响被高微生物消耗的负面影响所抵消。在既没有紫外线辐射也没有微生物降解的处理组中观察到的质量损失（站立分解一年后质量损失为15.53%）可能是由其他非生物过程导致的，例如风蚀以及光合有效辐射积极作用下的可溶性物质浸出。

潮湿的亚热带森林生态系统中间接光易化机制与干旱地区直接光降解机制的差异可能是森林环境中的紫外线辐照度较低和较潮湿的环境导致的。南京市气象局气象资料显示，南京市2020年6—8月（夏季）日平均太阳辐射量为15.02 MJ/（m^2·d），此期间最大日太阳辐射量为27.6 MJ/（m^2·d）。相比之下，在同纬度的新墨西哥州沙漠中，日最大太阳辐照度可达35 MJ/（m^2·d）甚至更高（Brandt et al.，2009）。此外，由于树冠的遮光、滤光作用，以及白天太阳角度的变化，到达森林凋落物层的实际太阳辐射比数据中反映的还要少。在干旱地区，高剂量的紫外线辐射会抑制微生物的丰度和活性（Day et al.，2007；Cogulet et al.，2016；Erdenebileg et al.，2018）。然而在本研究中，较弱的紫外线辐射对微生物微小的负面影响可能会被森林环境中充足水分的积极影响所抵消。得益于高湿度环境，暴露于紫外线辐射下的微生物仍然具有很强的分解能力。这种在紫外线照射下的非抑制性为由紫外线辐射和微生物降解的协同作用引起的快速降解提供了可能性。推测亚热带森林环境的弱光辐照度和潮湿环境削弱了直接光降解效应，而导致了更多微生物驱动的矿化。

5.4　小结

研究表明，在亚热带森林环境中，即使在不接触土壤的情况下，凋落物在悬空的位置一年仍可降解40%以上。紫外线辐射和微生物在亚热带森林凋落物分解中发挥了同样重要的作用。紫外线辐射虽然不能直接矿化凋落物，但增加了木质素和纤维素的可降解性，导致亚热带森林中立枯凋落物的微生物降解加倍。与干旱生态系统中的直接光降解不同，潮湿的亚热带森林中的紫外线辐射主要通过光易化的间接方式促进凋落物分解。

下 篇

亚热带喀斯特森林凋落物养分释放及影响机制

6 喀斯特森林凋落物生物量及养分释放特征

茂兰喀斯特森林位于贵州省与广西壮族自治区交界的荔波县，是全球同纬度地区残存下来的一片相对集中、原生性强、相对稳定的喀斯特地貌森林。喀斯特地貌是我国四大生态环境脆弱区之一（龙健 等，2005），土壤浅薄不连续、岩石裸露率高，易渗漏和易临时性干旱等（王世杰和李阳兵，2007），严重限制了植被的生长。选取喀斯特森林进行凋落物分解研究对于生物成土过程具有典型的代表意义，该保护区多数地段是中亚热带原生喀斯特森林，其顶极群落为常绿落叶阔叶混交林，也有不同退化程度的演替群落，对亚热带森林的研究具有较强的典型性和代表性。

目前对喀斯特森林凋落物的研究数量逐渐增加。俞国松等（2011）对茂兰喀斯特原生乔木林、次生林和灌木林的研究发现，年凋落物量为2.9～4.51 t/hm^2；覃勇荣等（2008）对桂西北喀斯特不同植被凋落物水分涵养能力的研究发现，青冈栎凋落物的最大持水量高于单性木兰、青檀、桉树等；卢晓强等（2014）对茂兰喀斯特原生林凋落物养分归还的研究发现，凋落物Ca和Mg含量及年归还量均高于一般非喀斯特地区；曾昭霞等（2015）对环江喀斯特森林植物—凋落物—土壤的生态化学计量特征研究发现，原生林植物和凋落物的C/N及凋落物和土壤的N/P均低于次生林，表明原生林植物—凋落物及土壤养分较次生林高等。但关于喀斯特森林生态系统中凋落物各组分生物量、主要养分含量及林下土壤微生物群落在不同坡向的季节变化特征、对凋落物分解过程的响应等研究还较少。

凋落物是森林生态系统物质循环过程中重要的物质库，通过养分循环将植物体营养物质输送到土壤（Parsons et al.，2014）。森林凋落物的组成、产量、养分含量及归还量随林分类型、生境条件等不同而产生差异，并显著影响土壤肥力及土壤理化性质（彭少麟和刘强，2002）。凋落物量反映了森林生态系统的生产力与分解间的平衡，凋落物营养元素含量及归还量对森林生态系统物质循环和养分均衡起着重要作用（林波 等，2004），同时，凋落物具有良好的持水性和透水性，在水土保持和涵养水源方面具有决定性作用（吴钦孝 等，1998）。不同坡向林下凋落物现存总量、各分解层现存量及含水量的差异，表明坡向对植被生长及土壤理化性质等具有一定影响。由于凋落物营养元素的含量取决于植被对土壤养分的吸收，而植被对养分的吸收又与自身特性以及土壤中营养元素的含量有关。

本章采用空间与时间序列并用的方法，选取贵州省荔波县茂兰喀斯特国家自然保护区的常绿阔叶林的凋落物作为研究对象，对茂兰喀斯特原生林内不同坡向的凋落物及土壤进行野外调查取样和室内分析，研究不同坡向凋落物各组分现存量、主要营养元素含量及土壤理化性质、土壤动物、土壤微生物的季节变化特征，开展茂兰喀斯特森林凋落物分解特征与养分释放规律的研究，分析了茂兰喀斯特原生林不同坡向凋落物各组分凋落量、各凋落组分的养分含量及土壤养分含量的季节变化和影响因素，为全面了解喀斯特区森林生态系统植被凋落动态及养分循环提供数据支持，有助于阐明亚热带典型脆弱区喀斯特森林生态系统的物质循环机制，对了解典型区森林生态系统内部物质循环及能量流动规律、林地维护和土壤肥力保持等具有重要意义。

6.1 喀斯特森林研究区概况

贵州省荔波县茂兰喀斯特国家自然保护区面积约221 km^2，位于贵州高原向广西丘陵平原过渡的斜坡地带，地势西北高东南低，海拔范围为430～1 078.6 m；该保护区范围为北纬25°09′20″～25°20′50″，东经107°52′10″～108°05′40″，是全球同纬度地区喀斯特原生森林面积最大的地区（周政贤，1987），具有典型的喀斯特峰丛漏斗和峰丛洼地（图6-1），属典型的亚热带喀斯特森林，是地球上同纬度地区喀斯特地貌残存面积最大、分布最集中、原生性强、相对稳定、保护最好的喀斯特森林生态系统。

图6-1　茂兰喀斯特森林地理地貌示意图

研究区位于保护区核心区范围内，出露岩石主要为石灰岩和白云岩。受其发育的岩组影响，土壤类型主要为石灰土并零星分布有硅质土，土层浅薄不连续，土壤厚度在20～60 cm，岩石裸露率高达80%，坡度较大，水土流失相对严重，地表临时性干旱频繁。植被类型组成多样，以常绿落叶阔叶混交为主，森林覆盖率达87%，且为适应喀斯特森林特殊水热条件，植被多具有喜钙、耐旱等特点。该区内年平均气温为15.3℃，相对湿度为83%；年均降水量为1 389.1 mm，多集中在5—10月，占全年总降水量的80%以上，10月至第二年3月为旱季，每月平均降水量低于90 mm；全年日照时数为1 272.8 h，日照率为29%，年均有霜日为7.3天，属于中亚热带湿润季风气候，有利于植被生长。

研究区包含原生林、人工林及林缘过渡带植被恢复区（次生林、灌丛、荒草地）。原生林位于远离居民点的地势陡峭地区，树种类型多样，优势种不明显，主要有圆果化香（*Platycarya longipe*）、翅荚香槐（*Cladrastis platycarpa*）、黄梨木（*Boniodendron minus*）、中华蚊母树（*Distylium chinense*）、裂果卫矛（*Euonymus dielsianus*）、光叶海桐（*Pittosporum glabratum*）、青冈（*Quercus glauca*）、掌叶木（*Handeliodendron bodinieri*）、鹅耳枥（*Carpinus pubescens*）、贵州琼楠（*Beilschmiedia kweichowensis*）等；人工林以贵州悬竹（*Ampelocalamus calcareus*）为主；次生林为香椿（*Toona sinensis*）、皂荚树（*Gleditsia sinensis*）、菜豆树（*Radermachera sinica*）；灌丛为南天竹（*Nandina domestica*）、千里香（*Murraya paniculata*）、小叶柿（*Diospyros dumetorum*）；荒草地为长圆叶楼梯草（*Elatostema oblongifolium*）、扁穗莎草（*Cyperus compressus*）、石蒜（*Lycoris radiata*）、翠云草（*Selaginella uncinata*）、瓦韦（*Lepisorus thunbergianus*）等蕨类植物。

6.2 凋落物收集与养分测定

6.2.1 样地设置

于2016年4月，在茂兰喀斯特原生林内分别选择阳坡、阴坡和半阴坡下植被类型相似、立地条件基本一致的样地，每种坡向按照随机布局的原则设置4~6个面积为1 m×1 m、孔径为2 mm的尼龙网兜，四角由PVC管支撑的距地面高约0.3 m的方形凋落物收集器，记录各样地坡度、坡向、海拔及经纬度等信息，用于凋落物凋落动态研究（图6-2）；收集3个坡向样地内的混合凋落物共1 500 g，带回实验室烘干至恒重，分别称取15 g烘干凋落物装于大小为15 cm×15 cm的凋落袋（孔径为1 mm）内，并在5月分别放置在各样地凋落物收集器附近，置于地表凋落物下层，让其自然分解，每个样地放置20个凋落袋，进行凋落袋法凋落物分解实验研究，样地基本信息如表6-1所示。

图6-2　茂兰喀斯特森林凋落物样品收集

表6-1　样地基本概况

样地	土壤类型	海拔/m	坡向	郁闭度/%	pH值	容重/（g/cm^3）	含水量/%
Ⅰ	棕色石灰土	735	S194°	80	7.26b	1.28±0.15a	0.36±0.03b
Ⅱ	黑色石灰土	730	N11°	95	6.86a	1.34±0.16a	0.32±0.05b
Ⅲ	黑色石灰土	740	NE26°	85	7.10b	2.31±0.11b	0.24±0.04a

注：Ⅰ代表阳坡原生林；Ⅱ代表阴坡原生林；Ⅲ代表半阴坡原生林。不同小写字母表示同一指标不同样地间差异显著，$P<0.05$。

6.2.2　样品采集与处理

根据当地水热条件变化特征，将每年的3—5月作为春季，6—8月作为夏季，9—11月作为秋季，12月至第二年2月作为冬季。分别于2016年8月20日、11月25日，2017年2月24日、5月25日将各样地凋落物收集器内的凋落物带回实验室，共收集凋落物5（重复）×3（样地）×4（季节）=60袋，称量鲜重后在80℃下烘干至恒重，测量凋落物总干重、各组分（落叶阔叶、常绿阔叶、凋落枝、花果等）干重，并计算凋落物各组分含水量及凋落量占总凋落量的百分比；在各样地内收集凋落物的同时将埋于凋落物下的凋落袋取回，每次每个样地取回5个凋落袋，共取回凋落袋60袋，带回实验室除去多余树根后用清水快速将多余泥土清洗干净，置于烘箱（65℃，24 h），计算凋落袋内凋落物剩余质量干重及质量损失率，估算分解速率。

每个季节在原生林内收集凋落物的同时，在每个样地的凋落物收集器附近采集土样，按照梅花五点采样法，除去地表凋落物，用环刀（100 cm^3）取土壤，用于测定土壤含水量及土壤容重，再取约1 000 g土壤装入密封样品袋内，采集5（重复）×3（样地）×4（季节）＝60份样品，在植被恢复区样地土壤的采集方法与原生林相同，共采集5（样地）×3（重复）×2（土层）＝30份样品，受不同程度干扰的土壤样品共采集21份。将111份土壤样品带回实验室，除去枯枝落叶、石子等杂物后，将土壤分为3份，一份置于阴凉处自然风干，用于测定理化性质，一份过2 mm筛后放置在-20℃环境中，用于微生物测定，剩余部分置于4℃冰箱内，用于后期备用。

6.2.3 样品测定

凋落物与土壤样品风干后测定其理化性质。称取4 g土壤样品于50 mL离心管中，加入10 mL去离子水，振荡2 min后静置半小时测定土壤pH值。元素分析仪用于测定凋落物各组分的全碳（TC）、全氮（TN）及C/N；全磷（TP）用硝酸—高氯酸消煮，钼锑抗显色后在700 nm波长下进行比色测定；全钾（TK）用硝酸—高氯酸消煮，火焰分光光度计测定；钙（Ca）、镁（Mg）用硝酸—高氯酸消解后，用电感耦合等离子体发射光谱仪（ICP-OES）测定含量。

6.2.4 数据处理

凋落物质量损失率公式：

$$D=(\Delta M/M_0)\times 100\%$$

式中，D表示一个分解期内凋落物的质量损失率（%）；ΔM表示一个分解期凋落袋内样品的损失质量（g）；M_0表示放置凋落袋时样品质量（g）。

营养元素释放率公式：

$$E=[(e_0-e)/e_0]\times 100\%$$

式中，E表示一个分解期的凋落物元素释放率（%）；e表示一个分解期后凋落物的养分量（g）；e_0表示凋落物的初始养分量（g）。

实验数据运用Excel 2003和SPSS 18.0软件进行处理，差异显著性检验（$P < 0.05$）采用One-way ANOVA和LSD法，相关性分析用Spearman分析法，相关图用Origin 8.5软件进行绘制；运用Canoco 5对土壤理化性质和土壤微生物群落结构进行主坐标分析（PCoA）和冗余分析（RDA），对受不同干扰程度的土壤真菌群落进行主坐标分析（PCoA）。表中数据均为平均值±标准误。

6.3 凋落物生物量及养分变化特征

6.3.1 凋落物生物量

根据喀斯特原生林组成特点，将收集的凋落物成分分为常绿阔叶、落叶阔叶、凋落枝及其他，通过对原生林3种坡向的植被凋落物各组分在各季节凋落现存量的统计，得到各坡向植被凋落现存量的季节变化（图6-3）。

由图6-3可知，阳坡植被各季节凋落总量变化表现为春季（1.65 t/hm^2）>冬季（1.19 t/hm^2）>秋季（1.17 t/hm^2）>夏季（0.88 t/hm^2）；凋落物各组分凋落量在夏季至冬季期间表现为落叶阔叶>常绿阔叶>凋落枝>其他，而在春季表现为常绿阔叶>凋落枝>落叶阔叶>其他，常绿阔叶在春季的凋落量显著高于其他季节，落叶阔叶则显著低于其他季节，凋落枝和其他组分的凋落量则表现出从夏季到第二年春季逐渐增加的趋势。整体来看，阳坡植被凋落总量表现为春季达到凋落高峰的单峰模式，常绿阔叶、凋落枝和其他组分的凋落量与凋落总量表现相同的凋落模式，而落叶阔叶则表现为秋季达到凋落最大量（0.66 t/hm^2）的单峰模式。

阴坡植被各季节凋落总量变化表现为春季（2.38 t/hm^2）>秋季（1.65 t/hm^2）>夏季（1.33 t/hm^2）>冬季（0.98 t/hm^2）；常绿阔叶凋落量自夏季至第二年春季表现为春季（1.25 t/hm^2）>夏季（0.52 t/hm^2）>冬季（0.36 t/hm^2）>秋季（0.31 t/hm^2）；落叶阔叶表现为秋季（0.87 t/hm^2）>夏季（0.63 t/hm^2）>春季（0.42 t/hm^2）>冬季（0.28 t/hm^2）；凋落枝表现为春季（0.52 t/hm^2）>

秋季（0.43 t/hm^2）>冬季（0.30 t/hm^2）>夏季（0.16 t/hm^2）；其他表现为春季（0.91 t/hm^2）>冬季（0.41 t/hm^2）>夏季（0.37 t/hm^2）>秋季（0.29 t/hm^2）。整体来看，阴坡植被凋落总量表现为春季达到凋落最大量且在秋季出现凋落小高峰的双峰模式，落叶阔叶和其他组分表现为春季达到凋落最大量的单峰模式，落叶阔叶和凋落枝则表现为在秋季和春季分别达到两个高峰的双峰模式。

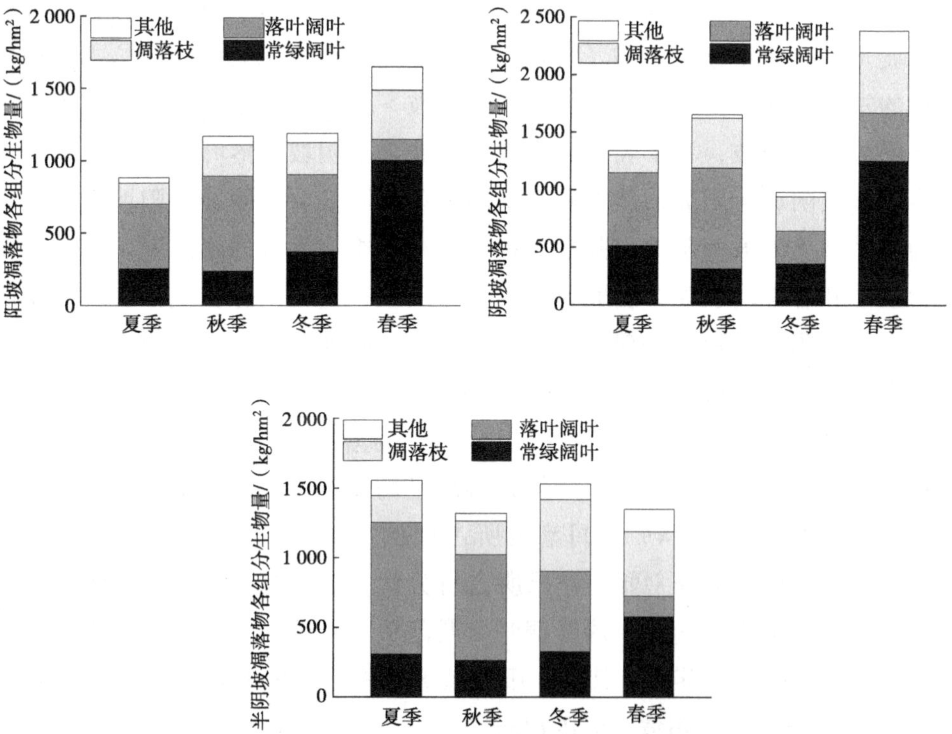

图6-3　不同坡向凋落物各组分季节变化特征

半阴坡植被凋落物总量的季节变化波动较小，表现为夏季（1.57 t/hm^2）>冬季（1.53 t/hm^2）>春季（1.35 t/hm^2）>秋季（1.32 t/hm^2）；常绿阔叶和凋落枝均表现为自夏季至第二年春季逐渐增加，且在春季和冬季达到最大值，分别为0.58 t/hm^{2}和0.52 t/hm^2；落叶阔叶在夏季达到凋落最大量（0.94 t/hm^2）至第二年春季凋落量逐渐减少，凋落物各组分在夏季表现为落叶阔叶>常绿阔叶>凋落枝>其他，随着季节变化，在第二年春季表现为常绿阔叶>凋落枝>其他>落叶阔叶；整体来看，半阴坡植被凋落总量表现出夏季达到最大值在冬季出现小高峰的双峰模式，常绿阔叶和落叶阔叶表现为分别在春季和夏季达到凋落最大值的单峰模式，凋落枝和其他组分则分别在冬季和春季达到最大凋落量的单峰模式。

3种坡向植被在各季节的凋落总量变化也是各不相同，夏季表现为半阴坡（1.56 t/hm^2）>阴坡（1.34 t/hm^2）>阳坡（0.88 t/hm^2），秋季表现为阴坡（1.65 t/hm^2）>半阴坡（1.32 t/hm^2）>阳坡（1.17 t/hm^2），冬季表现为半阴坡（1.53 t/hm^2）>阳坡（1.19 t/hm^2）>阴坡（0.98 t/hm^2），春季表现为阴坡（2.38 t/hm^2）>阳坡（1.65 t/hm^2）>半阴坡（1.35 t/hm^2）。3种坡向植被的常绿阔叶在夏季和秋季均表现为阴坡>半阴坡>阳坡，冬季表现为阳坡>阴坡>半阴坡，春季表现为阴坡>阳坡>半阴坡；落叶阔叶在夏季表现为半阴坡>阴坡>阳坡，秋季和春季均表现为阴坡>半阴坡>阳坡，冬季表现为半阴坡>阳坡>阴坡；凋落枝在夏季和冬季均表现为半阴坡>阴坡>阳坡，秋季和春季均表现为阴坡>半阴坡>阳坡；其他组分在夏季表现为半阴坡>阳坡>阴坡，秋季表现为阳坡>半阴坡>阴坡，冬季表现为半阴坡>阳坡>阴坡，春季表现为阴坡>阳坡>半阴坡。

由表6-2可以看出，凋落物各组分的年凋落总量在3种坡向存在差异。阳坡、阴坡和半阴坡植被各组分年凋落总量均以常绿阔叶和落叶阔叶为主，占总凋落物的68%~74%，凋落枝所占比例在3种坡向间的差异不大，为19%~25%，其他组分主要为花果所占百分比，小于10%；阳坡和阴坡凋落物各组分表现为常绿阔叶>落叶阔叶>凋落枝>其他，而半阴坡表现为落叶阔叶>常绿阔叶>凋落枝>其他，阳坡植被年凋落总量（4.89 t/hm^2）低于半阴坡（5.75 t/hm^2）和阴坡（6.35 t/hm^2）。

表6-2　不同坡向凋落物各组分年凋落量及占总量百分比

坡向	常绿阔叶	落叶阔叶	凋落枝	其他	总量/（g/m^2）
	凋落量/（g/m^2）（占总量百分比/%）	凋落量/（g/m^2）（占总量百分比/%）	凋落量/（g/m^2）（占总量百分比/%）	凋落量/（g/m^2）（占总量百分比/%）	
阳坡	187（38）	178（36）	92（19）	32（7）	489
阴坡	244（38）	221（34）	141（22）	29（5）	635
半阴坡	148（26）	242（42）	142（25）	43（8）	575

6.3.2 凋落物及土壤养分含量变化特征

凋落物中养分的含量可反映植物对养分利用的效率，再经分解过程，将养分转移到土壤中，因季节、立地条件等的不同而发生变化。喀斯特地区岩石裸露率高、土层浅薄，因此凋落物的养分再循环对林地土壤肥力、生产力的维持等具有十分重要的意义。由于本研究区3种坡向的植被物种丰富，常绿阔叶植被和落叶植被混合生长，且凋落叶和凋落枝约占凋落总量的90%，因此，将收集得到的常绿阔叶和落叶阔叶混合为凋落叶同凋落枝一并作为喀斯特森林凋落组分，研究各凋落组分的碳、氮含量及碳氮比（C/N）的季节变化特征（表6–3）。

表6–3 凋落叶和凋落枝碳、氮元素的季节变化

指标	季节	凋落叶			凋落枝		
		阳坡	阴坡	半阴坡	阳坡	阴坡	半阴坡
TC/%	夏	46.5 ± 0.8b	43.1 ± 0.3b	41.6 ± 0.6a	43.9 ± 0.3b	44.9 ± 1.1b	44.5 ± 0.6a
	秋	45.6 ± 0.7b	44.6 ± 1.4b	43.7 ± 1.1b	44.3 ± 0.6b	44.9 ± 0.7b	44.6 ± 0.1a
	冬	44.6 ± 1.3a	44.3 ± 0.6b	43.5 ± 1.5b	45.4 ± 0.2c	45.1 ± 0.5b	44.5 ± 0.3a
	春	45.9 ± 0.5b	42.3 ± 0.7a	43.9 ± 0.5b	41.7 ± 0.7a	42.7 ± 0.6a	44.5 ± 0.5a
TN/%	夏	1.92 ± 0.15a	1.78 ± 0.08a	1.87 ± 0.05a	1.39 ± 0.05a	1.16 ± 0.25a	1.51 ± 0.34a
	秋	2.13 ± 0.12b	2.34 ± 0.34b	2.45 ± 0.35b	1.77 ± 0.32b	1.35 ± 0.31b	1.93 ± 0.53b
	冬	1.96 ± 0.18b	1.82 ± 0.17a	2.28 ± 0.21a	1.61 ± 0.39b	1.41 ± 0.29b	1.64 ± 1.14a
	春	2.29 ± 0.23b	2.34 ± 0.21b	1.96 ± 0.18a	2.05 ± 0.19c	3.84 ± 0.43c	1.71 ± 0.12a
C/N	夏	22.7 ± 2.2a	24.2 ± 1.21b	22.2 ± 0.8c	31.6 ± 1.2c	40.1 ± 0.9c	30.6 ± 0.3c
	秋	19.9 ± 1.1a	22.7 ± 0.2b	18.3 ± 2.4a	25.5 ± 0.6b	34.7 ± 0.7b	24.2 ± 2.9b
	冬	22.8 ± 2.3a	23.4 ± 1.9b	20.9 ± 1.5b	29.3 ± 0.3c	33.1 ± 0.6b	27.2 ± 2.4b
	春	19.6 ± 0.5a	19.1 ± 2.2a	20.8 ± 1.79b	20.5 ± 1.6a	11.2 ± 1.3a	21.7 ± 0.9a

注：不同小写字母表示同种凋落物组分的相同元素在不同季节表现差异显著，$P<0.05$。

由结果可以看出，3种坡向的凋落物碳（C）含量变化范围为416～465 g/kg，氮（N）含量变化范围为11.6～2.45 g/kg，C/N变化范围为18.3～40.1；凋落叶和凋落枝C含量在阴坡和半阴坡均表现为凋落枝＞凋落叶，阳坡表现相反，且差异不显著；N含量在3种坡向下均表现为凋落叶＞凋落枝；C/N则均表现为凋落枝＞凋落叶。凋落叶C含量的季节变化在阳坡表现为夏季＞春季＞秋季＞冬季，在阴坡表现为秋季＞冬季＞夏季＞春季，在半阴坡表现为春季＞秋季＞冬季＞夏季，各坡向的凋落叶C含量各不相同，且随季节变化不显著；阳坡凋落枝C含量在冬季极显著高于春季，阴坡凋落枝C含量在春季表现极显著低于其他季节，半阴坡凋落枝C含量随季节没有较大变化；夏季、秋季和冬季的凋落叶和凋落枝C含量分别为阳坡和阴坡最高，半阴坡和阳坡最低。

阳坡和阴坡的凋落叶和凋落枝的氮含量季节变化均以夏季含量显著低于其他季节，春季含量最高，而半阴坡凋落叶和凋落枝的N含量在秋季显著高于其他季节。阳坡和阴坡的凋落叶和凋落枝C/N表现相同，均以春季最低，夏季显著高于其他季节；半阴坡凋落叶和凋落枝C/N分别在秋季和春季表现最低，夏季显著高于其他季节。

由表6-4可知，3种坡向的土壤碳、氮含量及C/N随季节变化均不同。阳坡土壤碳、氮含量均表现出夏季含量最低，分别以春季和秋季含量显著高于其他季节；阴坡土壤碳、氮含量均表现出春季含量最低，秋季显著高于其他季节；半阴坡土壤碳、氮含量均表现出夏季最低，分别以秋季和冬季显著高于其他季节；土壤C/N在3种坡向下均表现出冬季最低，阳坡以春季最高，阴坡以夏季最高，半阴坡以春季最高。每个季节3种坡向的土壤碳、氮含量及其比值表现不同，夏季和秋季的土壤碳含量和氮含量均表现为阴坡＞半阴坡＞阳坡，冬季表现为半阴坡＞阴坡＞阳坡，春季表现为阳坡＞半阴坡＞阴坡；3种坡向的土壤C/N在秋季和冬季表现一致为阴坡＞半阴坡＞阳坡，春季表现为阳坡＞半阴坡＞阴坡。

由图6-4可以看出，3种坡向下的植被凋落叶的全磷含量在各季节的变化均表现为半阴坡＞阴坡＞阳坡，且在夏季凋落叶全磷含量最高，自夏季至冬季均表现为逐渐降低后至春季又缓慢升高，阳坡和半阴坡的季节变化较为相似，而阴坡凋落叶全磷含量在夏季至秋季的降低速率高于阳坡和半阴坡，从冬季至春季的增长速率显著高于阳坡和半阴坡。凋落叶全钾含量在各季节均

表现为阴坡 > 阳坡 > 半阴坡，3种坡向的凋落叶均在夏季表现出最高值，阴坡凋落叶的季节性动态较为显著，阴坡凋落叶全钾含量与全磷含量的季节变化趋势相似，全钾含量在冬季表现最低，自冬季至春季又显著增加。凋落叶镁含量季节变化波动较大，阴坡和半阴坡的凋落叶镁含量在秋季和春季高于冬季和夏季，表现为双峰模式，而阳坡凋落叶自夏季至春季镁含量逐渐降低，且秋季至春季的变化不显著。3种坡向的植被凋落叶钙含量均在秋季达到最大值，夏季达到最低值，半阴坡和阳坡的凋落叶钙含量从冬季至春季逐渐增加，阴坡则表现为逐渐降低。整体来看，凋落叶养分含量的季节变化各不相同，全磷、全钾含量表现为单峰模式，阴坡和半阴坡的凋落叶镁含量及阳坡和半阴坡凋落叶的钙含量均表现为双峰模式。

表6-4　土壤碳、氮含量及碳氮比的季节变化

指标	季节	阳坡	阴坡	半阴坡
TC/%	夏	6.60 ± 0.81a	9.62 ± 1.63a	8.66 ± 2.05a
	秋	9.50 ± 2.05b	13.20 ± 0.90b	10.70 ± 1.77a
	冬	8.96 ± 2.49b	10.60 ± 1.70a	10.66 ± 0.67a
	春	11.50 ± 1.08c	8.00 ± 1.78a	10.50 ± 2.66a
TN/%	夏	0.65 ± 0.06a	0.88 ± 0.10a	0.77 ± 0.10a
	秋	1.06 ± 0.27a	1.27 ± 0.07c	1.12 ± 0.12b
	冬	1.03 ± 0.29a	1.04 ± 0.22b	1.15 ± 0.22b
	春	0.94 ± 0.09a	0.79 ± 0.18a	0.93 ± 0.18b
C/N	夏	10.20 ± 0.40a	11.00 ± 0.93a	11.08 ± 1.23a
	秋	9.03 ± 0.50a	10.40 ± 0.15a	9.49 ± 0.57a
	冬	8.74 ± 0.30a	10.30 ± 1.09a	9.46 ± 1.44a
	春	12.60 ± 1.90b	10.10 ± 0.18a	11.10 ± 0.79a

注：同列不同小写字母表示同种凋落物组分的相同元素在不同季节表现差异显著，$P<0.05$。

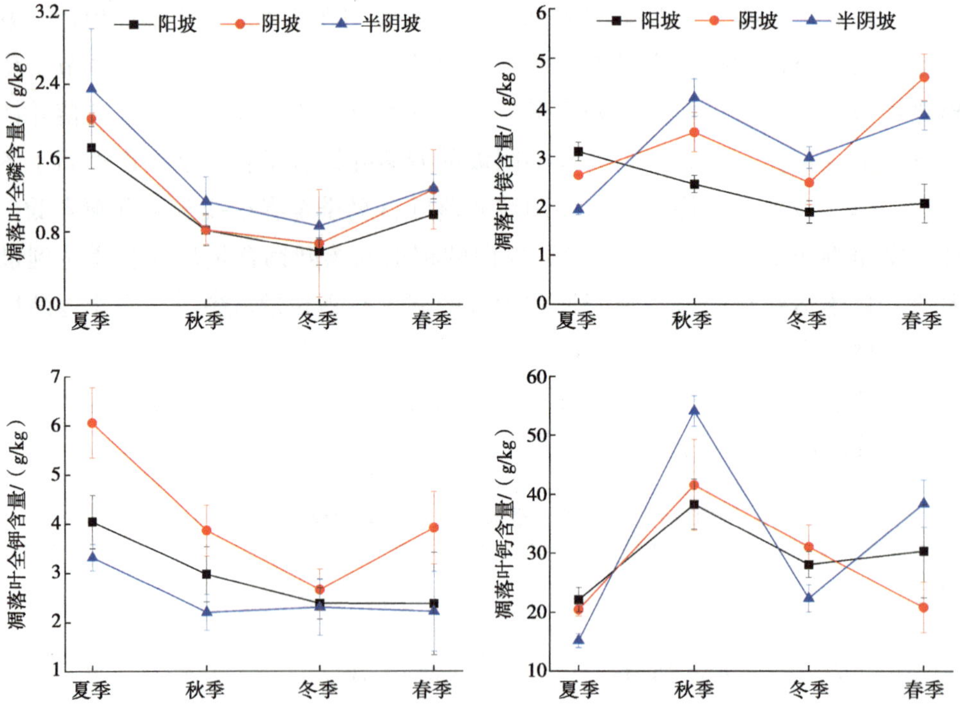

图6-4　不同坡向凋落叶全磷、全钾、钙、镁含量的季节变化

不同坡向下的凋落枝全磷、全钾、钙、镁含量随不同季节的变化与凋落叶表现不同，结果如图6-5所示。3种坡向的凋落枝全磷含量在冬季和春季表现为半阴坡＞阴坡＞阳坡，3种坡向的凋落枝全磷含量均在夏季达到最大值，且表现为阴坡＞半阴坡＞阳坡，阴坡凋落枝全磷含量从夏季到秋季降低了60%，随后在冬季和春季缓慢增加。凋落枝的全钾含量变化范围为1.04～4.85 g/kg，4个季节均以阴坡含量最高，半阴坡与阴坡表现一致，在秋季达到最大值，分别是4.85 g/kg和2.65 g/kg，阴坡凋落枝全钾含量在冬季最低，而半阴坡凋落枝全钾含量在春季达到最低，阳坡凋落枝全钾含量自夏季至第二年春季表现出缓慢降低的趋势。凋落枝镁含量的变化范围为1.31～3.74 g/kg，阴坡凋落枝的镁含量与阳坡和半阴坡的变化趋势表现相反，在春季阴坡凋落枝镁含量达到最大值，冬季和秋季镁含量均表现为半阴坡＞阳坡＞阴坡，且阴坡凋落枝在夏季至秋季和冬季至春季的变化幅度大于阳坡和半阴坡。凋落枝的钙含量的季节变化范围为16.1～30.7 g/kg，阳坡和半阴坡的凋落枝的钙含量表现为先增加后减少的趋势，在秋季达到最大值，阴坡凋落枝钙含量具有滞后性，在冬季达到最大值。

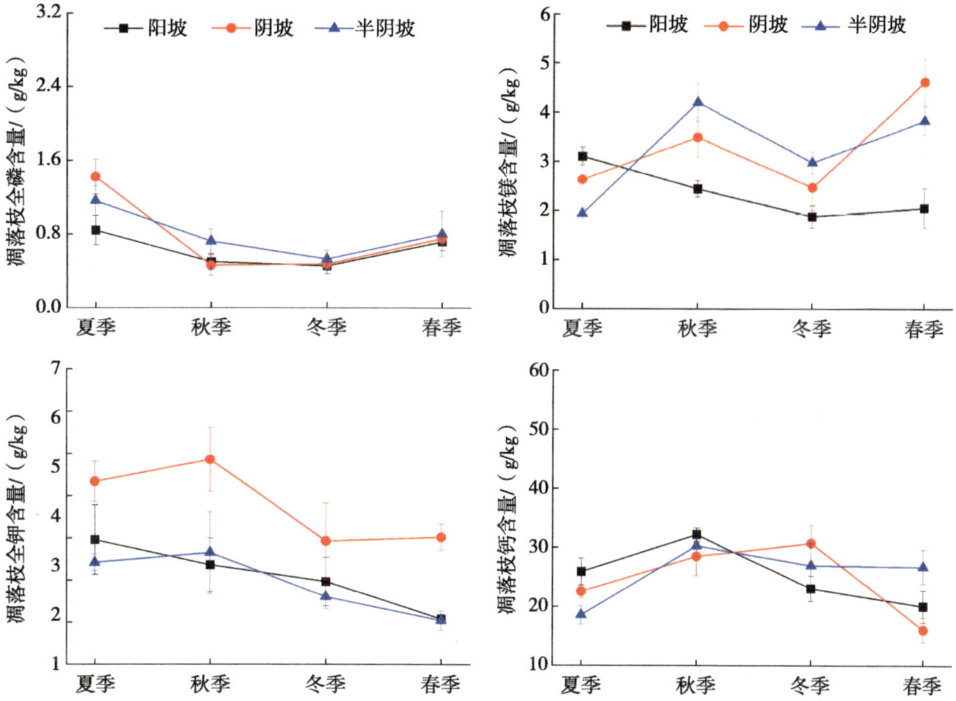

图6–5 不同坡向凋落枝全磷、全钾、钙、镁含量的季节变化

土壤全磷、全钾、钙、镁含量的季节变化结果如图6–6所示，土壤全磷含量的季节变化范围为0.57～2.16 g/kg，随着季节的变化均表现出半阴坡土壤全磷含量显著高于阴坡和阳坡，阴坡和半阴坡的土壤全磷含量表现一致，均在秋季表现最低，分别为0.62 g/kg和1.57 g/kg，阳坡土壤全磷含量在秋季出现小高峰，且3个坡向的土壤全磷含量均在春季达到最大值。阳坡和阴坡的土壤全钾含量变化趋势相似，在秋季达到最大值，分别为13.1 g/kg和11.1 g/kg，半阴坡土壤全钾含量随着季节变化表现出逐渐降低的趋势，且每个季节均表现出半阴坡土壤全钾含量最低。3种坡向的土壤钙含量变化趋势相似，变化范围为8.29～21.7 g/kg，随着季节变化，均在秋季达到最大值，随后逐渐降低，且在秋季以半阴坡土壤钙含量最高，其次是阴坡和阳坡。土壤镁含量的季节变化范围为1.56～7.22 g/kg，阳坡和阴坡土壤镁含量变化趋势相似，在秋季达到最大值，分别为7.22 g/kg和5.77 g/kg，半阴坡土壤镁含量随着夏季至冬季逐渐降低并在春季达到最大值，3种坡向的土壤镁含量在冬季显著低于其他季节，后随季节逐渐升高，在夏季、冬季和春季，3种坡向的土壤镁含量均表现为半阴坡 > 阳坡 > 阴坡，而在秋季的半阴坡土壤镁含量均低于阳坡和阴坡。

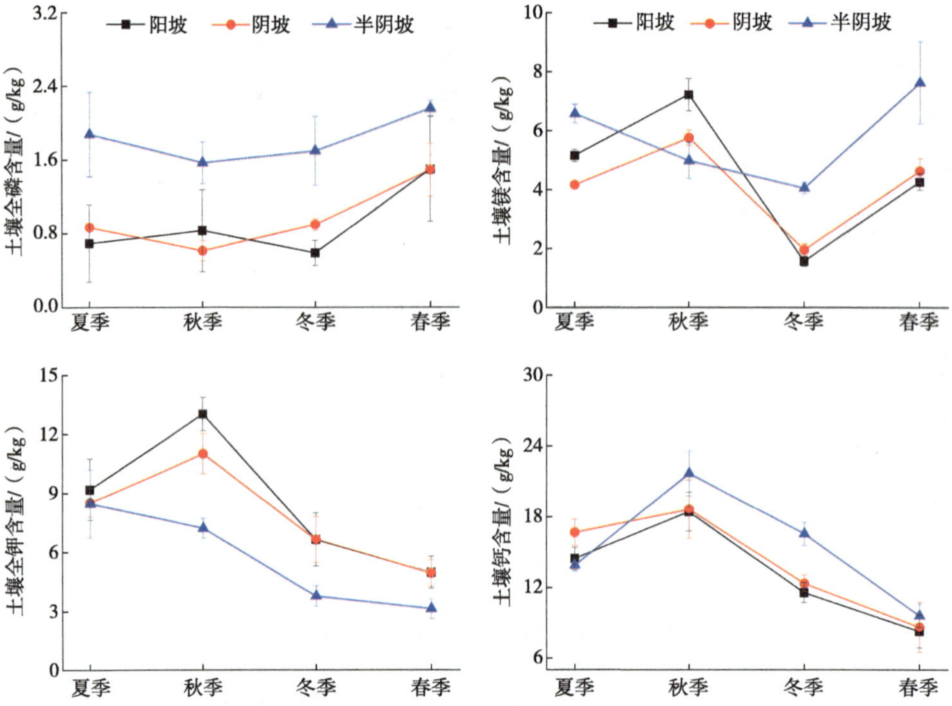

图6-6　不同坡向土壤全磷、全钾、钙、镁含量的季节变化

6.3.3　凋落物生物量与土壤养分之间的关系

对常绿阔叶、落叶阔叶和凋落枝的生物量进行季节和坡向的双因素分析（表6-5），发现同一季节的不同坡向常绿阔叶凋落量变化不显著，季节和坡向分别对各组分凋落量具有显著影响，且两个因素具有强烈的交互作用，因此在双因素分析后又进行简单效应分析，发现阳坡和半阴坡均表现出在春季的常绿阔叶凋落量与夏、秋、冬季都有极显著差异，而阴坡的常绿阔叶量在季节间的变化波动较小，差异不显著。

表6-5 季节和坡向对凋落物生物量的双因素方差分析

	因变量	平方和	均方	*F*	Sig.
坡向	常绿阔叶现存量	509.592	254.796	2.507	0.103
	落叶阔叶现存量	484.754	242.377	6.409	0.006
	凋落枝	2 346.957	1 173.479	23.845	0.000
季节	常绿阔叶现存量	9 436.700	3 145.567	30.948	0.000
	落叶阔叶现存量	15 586.640	5 195.547	137.377	0.000
	凋落枝	7 158.064	2 386.021	48.483	0.000
坡向×季节	常绿阔叶现存量	4 518.103	753.017	7.409	0.000
	落叶阔叶现存量	1 305.632	217.605	5.754	0.001
	凋落枝	3 541.955	590.326	11.995	0.000

从凋落叶生物量、土壤养分含量与凋落叶养分含量的相关分析（表6-6）可以看出，常绿阔叶量与凋落叶的镁含量呈显著负相关（$P<0.05$），土壤碳、氮含量与凋落叶养分含量的关系基本相同，均与凋落叶全钾含量呈显著负相关（$P<0.05$）、与凋落叶钙含量呈极显著正相关（$P<0.01$），土壤全磷含量与凋落叶的全钾含量呈显著负相关（$P<0.05$），土壤全钾含量与凋落叶全钾含量呈显著正相关（$P<0.05$）。

表6-6 凋落叶生物量、土壤养分含量与凋落叶养分含量的Spearman相关性分析

指标	凋落叶C	凋落叶N	凋落叶全P	凋落叶全K	凋落叶Ca	凋落叶Mg
常绿阔叶量	0.277	−0.235	−0.018	0.474	−0.277	−0.495*
落叶阔叶量	−0.035	−0.364	−0.469	−0.245	0.462	−0.056
土壤C	0.168	−0.028	−0.413	−0.517*	0.664**	−0.021
土壤N	0.210	−0.049	−0.706	−0.510*	0.734**	0.000
土壤全P	−0.629	0.035	0.490	−0.517*	−0.049	0.364
土壤全K	0.531	0.035	0.014	0.559*	0.049	−0.175
土壤Ca	0.238	0.077	−0.042	0.077	0.329	0.189
土壤Mg	−0.043	0.091	0.462	0.217	0.196	0.343

注：*代表$P<0.05$；**代表$P<0.01$。

对凋落叶的生物量进行简单效应分析发现，阳坡落叶生物量在春季与夏季、秋季、冬季显著不同，秋季与夏季也表现出显著差异，阴坡和半阴坡落叶阔叶量都表现出在秋季与夏季、冬季、春季差异显著；凋落枝的简单效应分析发现，阳坡凋落枝生物量在季节间的差异不显著，而阴坡和半阴坡的凋落枝生物量在夏季与秋季、冬季、春季差异显著。

6.4 凋落物分解特征分析

喀斯特原生林物种多样、植被类型丰富，优势种不显著，且为典型的落阔叶混交林，因此对喀斯特地区阔叶植被和落叶植被凋落物现存量季节变化的研究可以为该地区不同类型植被生长状况提供一定的理论基础。

6.4.1 凋落物分布特征和影响因素

森林凋落物生物量是对森林生态系统初级生产力水平的反映，对喀斯特森林植被凋落总量及各组分的凋落季节变化和年际总量变化的研究，可以看出，凋落物各组分凋落量与季节和坡向都表现出极显著相关关系，表明地理环境、小生境等对植被凋落具有显著影响，季节变化对不同类型植被的生理影响显著，因此也表现出季节对生物量的显著影响。相同地理环境，植被类型的不同也会导致凋落量及凋落物养分含量的不同（郑征 等，2005），凋落量通常表现出落叶植被高于针叶植被，养分含量则表现出落叶植被比常绿植被具有更高的养分含量（王希华 等，2004）。

从凋落物年凋落总量来看，阴坡下的植被凋落量（6.35 t/hm^2）显著高于半阴坡（5.75 t/hm^2）和阳坡（4.89 t/hm^2），略高于同地区自然恢复状态下的乔灌木凋落量（3.83 ~ 4.62 t/hm^2），低于人工桤木林凋落量（9.68 t/hm^2）（黄宗胜 等，2013；姚健，2011），主要由于人工林植被类型单一，植被生长竞争激烈，导致植被凋落量高于原生林。凋落叶在凋落物总量中占绝对主导地位，因此凋落叶和凋落物总量的季节变化表现趋势相似。本研究根据2017年8月至第二年5月收集的凋落物年凋落量平均为6.13 t/hm^2，凋落叶量（4.07 t/hm^2）和凋落枝量（1.25 t/hm^2）分别占67.8%和20.8%，其中常绿阔叶量为1.93 t/hm^2，落叶阔叶量为2.14 t/hm^2。钱正敏等（2009）和魏鲁明等

（2009）对茂兰森林植被凋落量的研究发现，茂兰原生林年凋落量分别为4.71 t/hm^{2}和2.86 t/hm^2。其中，结果均发现凋落叶和凋落枝分别占总凋落量的60%～70%和10%～20%。然而，钱正敏等（2009）研究中的常绿阔叶生物量约为落叶阔叶生物量的3倍，与本研究及魏鲁明等（2009）的结果中落叶阔叶量高于常绿阔叶量不一致。这一现象很可能是因为喀斯特山地森林小生境类别差异显著，植被类型丰富且不均匀，使同一地区不同研究样地内的植被凋落量表现显著不同，这也表明对喀斯特地区森林植被类型及其特性的统计与分析、对生境类型特征的分析等可为后期对喀斯特森林生态系统稳定性综合评价提供分析背景。

与其他地区森林植被年凋落量相比，喀斯特森林凋落物年凋落量明显低于广东省鼎湖山南亚热带阔叶林（8.45 t/hm^2）、西双版纳季节雨林（8.42 t/hm^2），略低于滇桂喀斯特山地半湿润常绿阔叶林（7.31 t/hm^2），与云南省哀牢山北部山地常绿阔叶林（6.77 t/hm^2）较为接近（官丽莉 等，2004；吴毅 等，2007）。这一现象可能是由于茂兰喀斯特森林植被组成结构复杂，植被生长环境较为湿润，土层浅薄，土壤肥力较低，植被生长受小生境影响较大，因而凋落量低于同气候区常态地貌类型的森林凋落量。对凋落物凋落量的影响主要表现在生物因素、非生物因素及植被自身特性等，3种坡向的凋落总量在阳坡均低于在阴坡和半阴坡，表明阴坡和半阴坡的环境更能促进植被的成熟与更新。

3种坡向随季节变化的凋落物各组分中，每个季节凋落总量中叶凋落量占60%～80%，体现了凋落叶在凋落物归还中的重要地位。对凋落物量的双因素方差分析发现，随着季节变化，凋落量的差异显著，表明森林植被自身的生物学特性与当地的气候条件变化密切相关。常绿阔叶的季节动态均表现出单峰模式，3种坡向均以春季（3—5月）达到最大峰值，可以看出喀斯特森林阔叶植被主要在春季进行一次性换叶，凋落量骤增，达到凋落峰值，随后在秋季（9—11月）也会形成落叶阔叶量的小高峰，主要是秋季该地区气候逐渐干燥、寒冷，多数落叶植被发生生理性落叶导致落叶植被凋落量增加造成的。

凋落枝在3种坡向的表现基本一致，都是在春季达到凋落最大值，可能由该时期温度逐渐升高、雨水增加促进成熟植被的新陈代谢，加速成熟枝干的脱落所致。森林植被类型的不同，对气候及土壤环境的适应能力不同，使植被表现不同的凋落模式，其各组分的凋落动态也表现不同，季节动态模式具有单峰、双峰及不规则等。卢晓强等（2014）对喀斯特森林凋落物现存量的月动态变化进行观测，发现在每年的9月至第二年1月及4月出现凋落双高峰。熊红福等（2013）的研究也显示在4月出现凋落最大值，与本研究的凋落叶的凋落模式较为相似，与杨玉盛等（2004）对植被凋落季节动态的研究不一致，主要是由于喀斯特地区降雨多集中在5—10月，且岩石裸露率高，土层浅薄，植被通过减少水分丢失、缩短生长周期以适应这种特殊的自然环境，因此可以看出茂兰喀斯特森林植被的凋落节律主要受季节和坡向引起的水分控制，与邹碧等（2006）对喀斯特森林凋落动态的研究结果相似。对凋落物各组分的凋落动态的研究发现，阔叶植被在春、夏季节生长出新的枝叶后，老叶逐渐脱落，而落叶植被在秋、冬季气候变得干冷的时候，枝叶同时枯死脱落，在季节变化上呈现出互补的状态，这主要也是阔叶和落叶植被的生理生长特性不同，导致了凋落叶量在不同季节的变化。

6.4.2 凋落物养分含量的空间分布及影响因素

茂兰喀斯特原生林不同坡向植被凋落叶和凋落枝的主要营养元素含量表现为TC＞Ca＞TK＞Mg＞TN＞TP，与朱双燕等（2009）对桂西北喀斯特森林凋落物营养元素含量的研究表现相似，而赵鹏武（2009）对兴安落叶松林凋落物的研究发现其营养元素含量的大小为TN＞TK＞Mg＞Ca＞TP，本研究与金龙等（2015）对热带橡胶林、赵燕波等（2015）对中亚热带森林、王瑾和黄建辉（2001）对暖温带典型林地研究相比，茂兰喀斯特原生林凋落物碳含量较低，而氮、磷、钾、钙、镁含量明显高于后者，主要是喀斯特地区处于云贵高原的边界，海拔较高，雨季主要集中在5—8月，具有其独特的气候特征，植被类型多样，以落阔叶混交为主，土层浅薄，植被对土壤营养元素的吸收利用效率不同，各地区的土壤质量及环境条件不同使凋落物特征受林地土壤肥力及有机养分质量的影响较大（卢怡 等，2017；李菲 等，2015），导致喀斯特地区原生林凋落物的主要营养元素含量与其他非喀斯特地区典型植被凋落物的营养元素含量相差较大，主要表现为碳、钙含量较高，氮、磷、钾含量较低的特点。

凋落枝的碳含量高于凋落叶，而凋落枝氮含量低于凋落叶，导致3种坡向的凋落枝年平均C/N（27.5）高于凋落叶（21.4），使凋落叶相比凋落枝更易被土壤动物破碎和微生物的分解，加速凋落叶的分解（龙健 等，2005）。C/N能够反映有机物的无机化程度（何帆 等，2008），其大小显著影响凋落物的养分释放过程。喀斯特原生林凋落物C/N与长白山次生针阔混交林植被凋落物和南方人工杉木林不同坡位的凋落物相比（原作强 等，2010；高吉权 等，2016），明显低于后两者，表明植被类型的不同（常绿阔叶植被养分含量低于针阔叶混交林），研究区所在的纬度和气候温度不同，都会导致植被对土壤养分吸收的不同，进而导致凋落物养分归还量的差异。李志安等（1998）对鼎湖山热带季风常绿阔叶林凋落物的养分动态进行研究发现，群落植被的氮、钙、镁含量季节变化较小，而磷、钾的季节性动态较强。本研究中凋落枝和凋落叶的磷含量均在夏季表现最高，且凋落叶磷含量高于凋落枝，3种坡向的凋落物磷含量差异不显著，主要是由于3种坡向的土壤pH值呈酸性，磷元素被强烈地固定在酸性土壤中，而较难被植物吸收利用，成为植被生长最可能的限制因子，很可能正是这种难以利用的特点导致了不同环境的植被对磷吸收的趋同。

凋落枝和凋落叶的钾元素均在冬季和春季表现出较低含量，且季节波动较大。大量研究表明，凋落叶内钾含量强烈的季节动态性主要是由凋落前发生大量转移引起的，且转移量随季节发生变化（卢姿瑾，2017；胡霞 等，2012）。喀斯特原生林3种坡向凋落物的全氮、全磷含量差异不显著且与土壤养分含量相关性较一致，很可能是由于该地区植被的生长吸收土壤氮、磷养分，而土壤氮、磷养分的制约导致植被对限制元素的吸收表现出趋同性（常雅军 等，2011）。凋落枝的镁含量表现出单峰模式而凋落叶表现出双峰模式，且喀斯特植被凋落物的镁含量季节波动范围与江西省九连山天然常绿阔叶林凋落物的镁含量波动范围较相似，均在5月和9月达到高峰值（片桐成夫 等，2001）。

凋落叶主要营养元素与落叶阔叶和常绿阔叶的凋落量及土壤养分之间的相关性分析表明，常绿阔叶及落叶阔叶与其自身养分含量之间的相关性不显著，但是常绿阔叶量与落叶阔叶镁含量呈显著负相关，很可能与镁元素对植物正常生长发育相关，镁是构成叶绿素的主要矿质元素，缺镁会直接影响植物的光合作用和蛋白质的合成，导致植被凋落量增加。凋落物养分含量与土壤养分的相关性表明，土壤养分含量对植被养分具有一定的调控作用，不同坡向的土壤性质、植被类型及凋落物养分含量也有所差异，阳坡凋落物碳含量季节变化高于阴坡和半阴坡。坡向和季节对凋落量的双因素分析发现，凋落量除受地形因素和气候因素的影响外，还受喀斯特地区特殊地理地貌环境的影响。喀斯特生态系统较为脆弱，土层浅薄，岩石裸露率高，水土侵蚀严重，植被容易发生退化，因此，对喀斯特地区不同季节、不同坡向的土壤、植被凋落物特性的研究，可为预测生态系统退化、植被的逆向演替提供一定的理论基础。

6.5 小结

茂兰喀斯特森林3种坡向的年均凋落物量为6.13 t/hm^2，表现为阴坡＞半阴坡＞阳坡，凋落物各组分主要以凋落叶为主，约占75%；常绿阔叶和落叶阔叶分别表现出在春季（3—5月）和冬季（11月至第二年2月）达到凋落峰值的单峰模式。

凋落物各组分的年均养分含量都表现为TC＞Ca＞TK＞Mg＞TN＞TP，凋落叶的碳含量在阳坡环境下表现最高，钾含量在阴坡环境最高，氮、磷、镁、钙含量均以半阴坡环境下最高；3种坡向植被凋落物各养分含量的季节变化模式表现也不相同，全磷、全钾含量表现为夏季达到峰值的单峰凋落模式，阴坡和半阴坡的凋落叶镁含量及阳坡和半阴坡凋落叶的钙含量均表现为在秋季和春季都出现小高峰的双峰凋落模式。喀斯特森林植被的凋落模式和养分释放模式主要与植被自身生长特性有关，反映了植被对喀斯特山地特殊地理环境的适应，且季节和坡向对植被凋落量具有显著影响。

7 凋落物分解过程中土壤动物群落特征

土壤动物作为连接地上部分和地下部分的“枢纽”，对森林生态系统的有机质储存和养分循环等起着重要的作用。土壤动物通过对凋落物粉碎和转移，减小了凋落物的尺寸大小，增加了微生物与凋落物接触的表面积，提高了微生物活性，凋落物的分解与氮矿化对土壤动物群落多样性等的变化也非常敏感。本章节主要对5 mm和2 mm孔径中的土壤动物多度、丰度、多样性等进行统计分析，对照处理凋落袋为0.03 mm孔径网袋。

7.1 土壤动物的收集与鉴定

7.1.1 样品的采集与处理

选取茂兰喀斯特地区两种典型的常绿落叶阔叶树种，即青冈（*Cyclobalanopsis glauca*，CG）和单性木兰（*Kmeria septentrionalis* Dandy，KD），在5月凋落物凋落高峰期收集落叶，带回室内风干，称取青冈（CG）凋落物、单性木兰（KD）凋落物及混合（比例1∶1）凋落物各（10 ± 0.05）g，分别放入孔径为5 mm（大孔，允许所有大、中、小型土壤动物进入）、2 mm（中孔，允许全部小型土壤动物和部分中型土壤动物进入）和对照0.03 mm（微孔，没有土壤动物进入）的尼龙袋中（图7-1）。凋落物基本理化性质和元素含量详见表7-1。根据样地土层分布情况，采集埋设凋落袋样点附

图7-1　凋落袋（5 mm、上，2 mm、左下，0.03 mm、右下）实物

近的表层土壤，带回室内风干研磨过筛保存好进行基本养分分析。

表7-1　凋落物的基本性质和元素含量（平均值±标准误差）

凋落物种类	pH值	含量/（g/kg）							
		C	N	C/N	K	Na	Ca	Mg	Mn
青冈（CG）	6.00±0.04	477.18±0.68	17.22±0.18	27.72±0.33	1.85±0.07	0.25±0.00	12.78±1.58	1.40±0.36	0.67±0.00
单性木兰（KD）	7.26±0.03	439.51±2.54	22.01±0.78	20.01±0.60	1.28±0.25	0.19±0.02	20.90±1.28	2.13±0.04	0.09±0.01
青冈+单性木兰（CG+KD）	—	462.90±2.92	21.10±0.73	21.98±0.66	1.65±0.13	0.23±0.02	16.29±1.40	1.66±0.19	0.40±0.08

7.1.2　样地的布设与样品采集

选取4个生境条件基本一致的样点作为平行样点，样地间距50～100 m，在每个样地将凋落袋按照一定间距并排埋入林下凋落物表层，使其与土壤表面接触，其上覆盖少许土壤，以固定凋落袋。为期1年的凋落袋一次全部布置，共计144袋，之后每隔3个月采集一次样品，每次采集不同孔径不同种类凋落袋各4袋（每个样点各1袋，重复次数$n=4$），共计36袋，一年4次。

7.1.3　土壤动物的分离与鉴定

凋落袋取回后，先将袋外泥土用毛刷轻轻去除，然后将袋内分解材料全部取出放置解剖盘中，手动拣出凋落物中的大型土壤动物后放置于Tullgren漏斗（自制）分离提取中小型土壤动物，在40℃温度下分离土壤动物48 h（图7-2）。将分离出来的动物样品保存在75%酒精溶液中。分离土壤动物后的凋落物样品小心地用蒸馏水进行清洗和制片，采用体视显微解剖镜分析鉴定分类，并进行统计计数。由于土壤动物数量巨大，种类众多，本研究仅根据动物体的形态特征分类到纲、目或科。土壤动物的鉴定和分类参照《中国亚热带土壤动物》（尹文英，1992）、《中国土壤动物检索图鉴》（尹文英，1998）。

图7-2 凋落物与土壤动物分离烘虫箱（Tullgren漏斗）装置

7.1.4 数据统计与分析

土壤动物密度指1 m^2的土地面积中土壤动物的个体或类群数，而个体相对密度和种类相对密度指1 g凋落物（以干重计）中土壤动物的个体数量和类群数，在本研究中分别以土壤动物多度（动物个体数/g）和土壤动物丰度（动物类群数/g）表示。

土壤动物Shannon-Wiener多样性指数（H），Pielou均匀度指数（J），Simpson优势度指数（C），Margalef丰富度指数（R）计算公式如下。

$$H=\sum_{i=1}^{S}P_i\ln P_i$$

$$J=\frac{H}{\ln S}$$

$$C=\sum_{i=1}^{S}(\frac{n_i}{N})^2$$

$$R=\frac{S-1}{\ln N}$$

式中，S为类群数；P_i为第i类群的百分比；n_i为该区内第i个物种的个体数量；N为该区内所有物种的个体数量。

采用重复测量方差分析凋落物质量、分解时间和它们的相互作用对土壤动物的多度、丰度和多样性的作用。不同种类凋落物在不同孔径、不同分解时间的显著性检验采用单因素方差分析中LSD法检验，同时用来检验两种不同孔径凋落袋中土壤动物的多度、丰度和多样性之间的差异。对于采用方差分析的数据，如若不符合正态分布和方差齐次，则使用公式ln（x+1）进行转化使其满足条件。相关性分析用来分析土壤动物群落多样性指数和凋落物质量及养分的关系。

7.2 土壤动物群落类型统计与多样性分析

7.2.1 土壤动物群落类型统计

根据土壤动物的不同食性，对25目（类）土壤动物做出分类，分别为杂食性（Omnivorous）、食肉性（Carnivorous）、食菌性（Fungivorous）、食腐性（Saprophagous）、植食性（Phytophagous）和食粪性（Detritivorous）共6种类型，具体如表7-2所示。

通过对两种孔径（5 mm、2 mm）凋落袋中土壤动物的分离、鉴定及统计计数，本实验共收集到土壤动物4 203只，隶属于3门（节肢动物门、软体动物门、环节动物门）、11纲（蛛形纲、昆虫纲、软甲纲、倍足纲、唇足纲、综合纲、原尾纲、弹尾纲、双尾纲、软甲纲、腹足纲）、25目。土壤动物群落组成以弹尾目和蜱螨目（包括甲螨亚目、中气门亚目、前气门亚目，分别占到总数的23.05%、16.04%、6.69%）占绝对数量优势，两个类群的数量百分比分别为37.62%、45.78%，属于优势类群，一共占到总数的83.39%；鞘翅目（包括成虫和幼虫）、双翅目幼虫、膜翅目（如蚂蚁）、综合纲、腹足纲、鳞翅目幼虫，其相对多度在1%～10%，构成群落常见类群；其他个体数量的相对数量少于1%，为稀有类群。

表7-2 不同孔径凋落袋凋落物中土壤动物的数目和种类

不同食性的土壤动物分类	青冈（CG）				单性木兰（KD）				青冈+单性木兰（CG+KD）				多度
	5 mm凋落袋		2 mm凋落袋		5 mm凋落袋		2 mm凋落袋		5 mm凋落袋		2 mm凋落袋		
	个体数/只	%	个体数/只	%	个体数/只	%	个体数/只	%	个体数/只	%	个体数/只	%	
杂食性Omnivorous													
寡毛纲Oligochaeta	1	0.16	1	0.13	0	0.00	5	0.61	1	0.15	2	0.31	+
腹足纲Gastropoda	8	1.26	7	0.94	10	1.48	15	1.82	7	1.04	5	0.78	++
膜翅目Hymenoptera	3	0.47	13	1.74	9	1.33	6	0.73	19	2.81	29	4.50	++
甲螨亚目Oribatida	125	19.69	161	21.52	184	27.22	206	24.97	155	22.96	138	21.43	+++
中气门亚目Mesostigmata	126	19.84	112	14.97	117	17.31	121	14.67	107	15.85	91	14.13	+++
前气门亚目Prostigmata	55	8.66	61	8.16	36	5.33	53	6.42	33	4.89	43	6.68	+++
食肉性Carnivorous													
蜘蛛目Araneae	6	0.94	8	1.07	5	0.74	4	0.48	7	1.04	5	0.00	+
伪蝎目Pseu doscorpiones	1	0.16	3	0.40	3	0.44	4	0.48	0	0.00	0	0.00	+
唇足纲Chilopoda	1	0.16	2	0.27	1	0.15	2	0.24	1	0.15	2	0.31	+
双尾目Diplura	2	0.31	1	0.13	14	2.07	0	0.00	1	0.15	0	0.00	+
食菌性Fungivorous													
弹尾目Collembola	235	37.01	322	43.05	201	29.73	313	37.94	277	41.04	233	36.18	+++

（续表）

不同食性的土壤动物分类	青冈（CG）				单性木兰（KD）				青冈+单性木兰（CG+KD）				多度
	5 mm凋落袋		2 mm凋落袋		5 mm凋落袋		2 mm凋落袋		5 mm凋落袋		2 mm凋落袋		
	个体数/只	%	个体数/只	%	个体数/只	%	个体数/只	%	个体数/只	%	个体数/只	%	
原尾纲Protura	0	0.00	1	0.13	0	0.00	1	0.12	1	0.15	0	0.00	+
虫齿目Psocoptera	1	0.16	0	0.00	2	0.30	2	0.24	0	0.00	1	0.16	+
缨翅目Thysanoptera	1	0.16	2	0.27	1	0.15	1	0.12	2	0.30	3	0.47	+
食粪性Detritivorous													
等足目Isopoda	4	0.63	4	0.53	4	0.59	5	0.61	5	0.74	7	1.09	+
倍足纲Diplopoda	2	0.31	4	0.53	1	0.15	1	0.12	0	0.00	1	0.16	+
综合纲Symphyla	3	0.47	17	2.27	7	1.04	12	1.45	9	1.33	13	2.02	++
等翅目Isoptera	2	0.31	2	0.27	3	0.44	5	0.61	0	0.00	2	0.31	+
革翅目Dermaptera	0	0.00	0	0.00	1	0.15	0	0.00	0	0.00	1	0.16	+
食腐性Saprophagous													+
鞘翅目成虫Coleoptera adult	8	1.26	7	0.94	11	1.63	20	2.42	9	1.33	16	2.48	++
鞘翅目幼虫Coleoptera larvae	26	4.09	3	0.40	39	5.77	13	1.58	7	1.04	5	0.78	
蜚蠊目Blattoptera	0	0.00	0	0.00	0	0.00	1	0.12	0	0.00	2	0.31	+

（续表）

不同食性的土壤动物分类	青冈（CG）				单性木兰（KD）				青冈+单性木兰（CG+KD）				多度
	5 mm凋落袋		2 mm凋落袋		5 mm凋落袋		2 mm凋落袋		5 mm凋落袋		2 mm凋落袋		
	个体数/只	%	个体数/只	%	个体数/只	%	个体数/只	%	个体数/只	%	个体数/只	%	
双翅目幼虫Diptera larvae	17	2.68	13	1.74	14	2.07	28	3.39	20	2.96	35	5.43	++
植食性Phytophagous													
半翅目Hemiptera	1	0.16	1	0.13	2	0.30	3	0.36	0	0.00	1	0.16	+
鳞翅目幼虫Lepidoptera larvae	7	1.10	3	0.40	11	1.63	4	0.48	14	2.07	9	1.40	++
合计	635	100	748	100	676	100	825	100	675	100	644	100	

注：+++表示优势类群，占总数的10%以上；++表示常见类群，占总数的1%～10%；+表示稀有类群，占总数的1%以下。

7.2.2 土壤动物群落多度变化

土壤动物群落多度指数在不同分解时期的变化，由图7-3可知，3种不同凋落物（组合）中土壤动物群落的多度指数都随着分解时间而呈现逐渐上升的趋势，且均表现为在分解3个月后显著低于分解6个月、9个月、12个月后，在5 mm孔径凋落袋中，其平均值分别为4.67只/g、11.86只/g、17.54只/g、18.66只/g，总变化范围为3.92～22.76只/g；在2 mm孔径凋落袋中，其平均值分别为5.72只/g、12.24只/g、13.48只/g、15.57只/g，总变化范围为3.78～17.57只/g。此外，不同凋落物对土壤动物群落多度指数也无显著性影响，除了CG在5 mm孔径凋落袋中分解9个月后的多度指数显著高于分解6个月、12个月后，其他凋落物在分解6个月、9个月、12个月之间无显著差异，这也与土壤群落丰度指数的影响基本表现一致。不同凋落袋孔径之间的土壤动物多度指数，除CG中分解3个月后有显著差异之外，其余分解阶段均不受凋落袋孔径尺寸的影响。

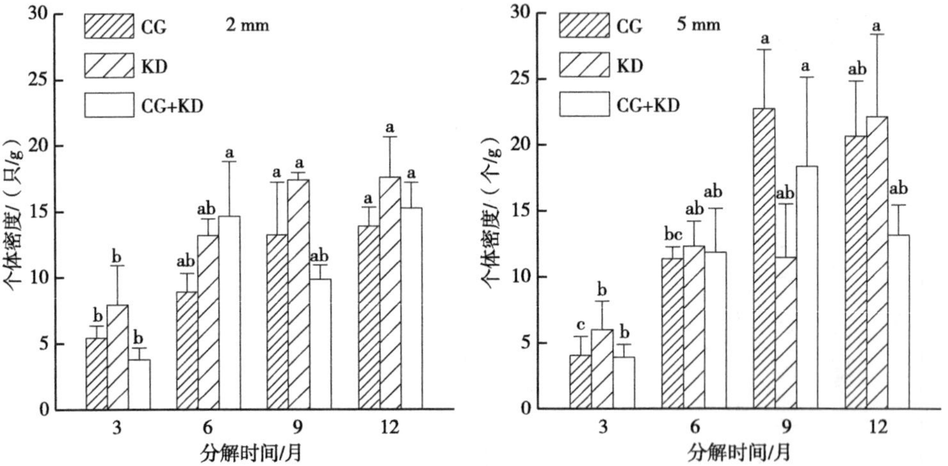

图7-3 不同孔径中土壤动物群落个体密度

7.2.3 土壤动物群落丰度变化

图7-4展示土壤动物丰度指数在不同分解时期的变化。两种不同孔径下土壤动物群落丰度指数的变化均随着分解时间而呈现上升趋势。在5 mm孔径凋落袋中，3种不同类型凋落物丰度在分解3个月、6个月、9个月后均显著低

于12个月后，其平均值分别为1.17类/g、2.03类/g、2.20类/g、4.31类/g，总变化范围为1.00～5.35类/g；在2 mm孔径凋落袋中，其平均值分别为1.27类/g、1.66类/g、1.63类/g、2.84类/g，总变化范围为1.11～3.12类/g。以上结果表明，孔径尺寸对凋落袋中土壤动物群落丰度指数的影响显著，但是不同凋落物种类之间的土壤动物群落丰富度指数差异不大，除在分解6个月后2 mm孔径凋落袋中不同凋落物之间产生显著性差异（$P < 0.05$）外，其余阶段均未出现显著差异。

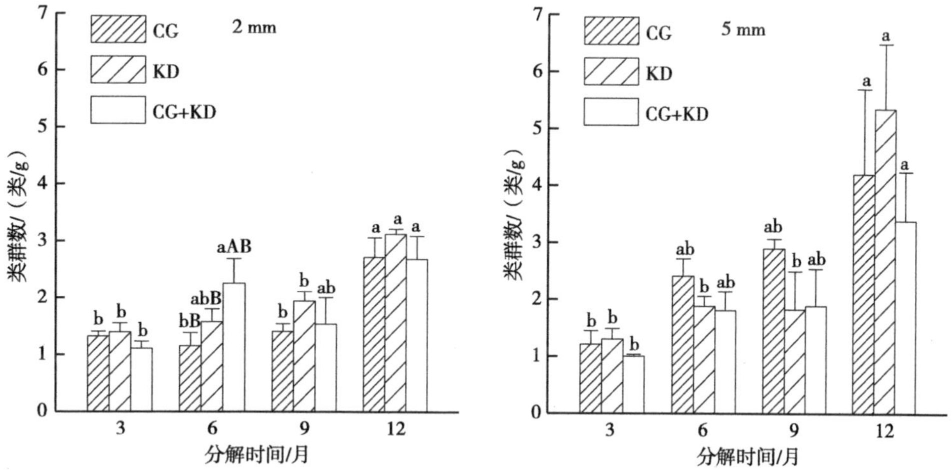

图7–4 不同孔径中土壤动物群落类群数

7.2.4 土壤动物群落多样性变化

如图7–5所示，青冈（CG）凋落物两种不同孔径中土壤动物的Shannon-Wiener多样性指数随分解时间先降低后上升，主要表现为在夏季（分解第3个月）和春季（分解第12个月）较高，其变化范围在5 mm、2 mm孔径中分别为1.95～2.64、1.93～2.73，孔径大小对土壤动物多样性指数未产生显著性影响。土壤动物Margalef丰富度指数与Shannon-Wiener多样性指数变化趋势相同，而Simpson优势度指数和Pielou均匀度指数在分解过程中的波动较小。

如图7–6所示，单性木兰（KD）凋落物两种不同孔径中土壤动物的Shannon-Wiener多样性指数和Margalef丰富度指数的变化趋势与青冈凋落物相同，前者变化范围在5 mm、2 mm孔径中分别为2.04～2.64、1.90～2.37，土壤动物Shannon-Wiener多样性指数在5 mm孔径中大于2 mm孔径，Simpson优势度指数和Pielou均匀度指数在分解过程中也几乎没有变化。

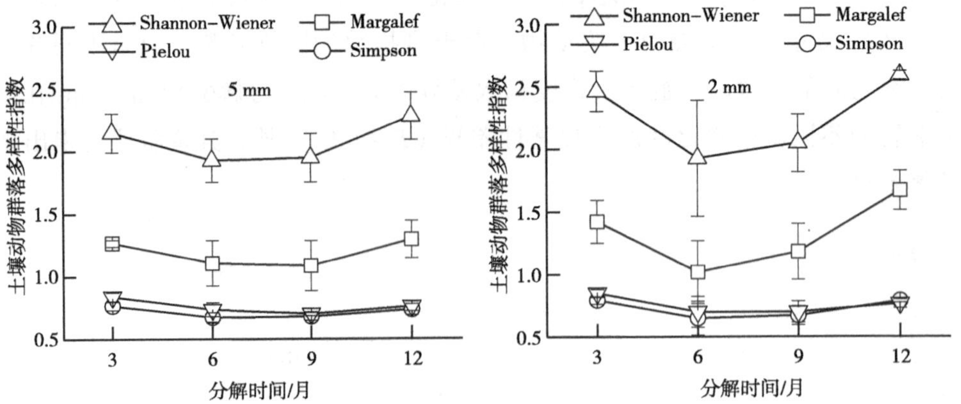

图7-5　青冈凋落物不同孔径中土壤动物群落多样性指数变化

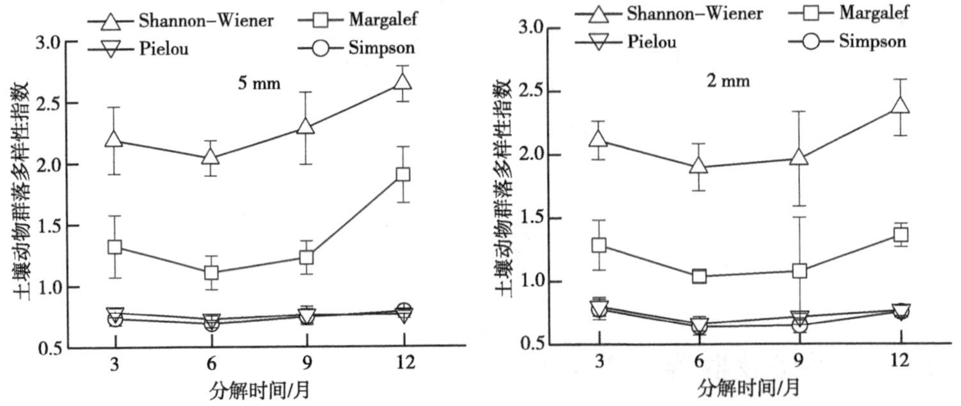

图7-6　单性木兰凋落物不同孔径中土壤动物群落多样性指数变化

如图7-7所示，青冈+单性木兰（CG+KD）混合凋落物两种不同孔径中土壤动物的Shannon-Wiener多样性指数和Margalef丰富度指数在分解过程中均表现为上升下降交替变化的趋势，说明凋落物的混合对土壤动物多样性产生了一定的影响，但是孔径大小同样对土壤动物多样性指数未产生显著影响。Simpson优势度指数和Pielou均匀度指数在分解过程中的变化范围仍然很小。

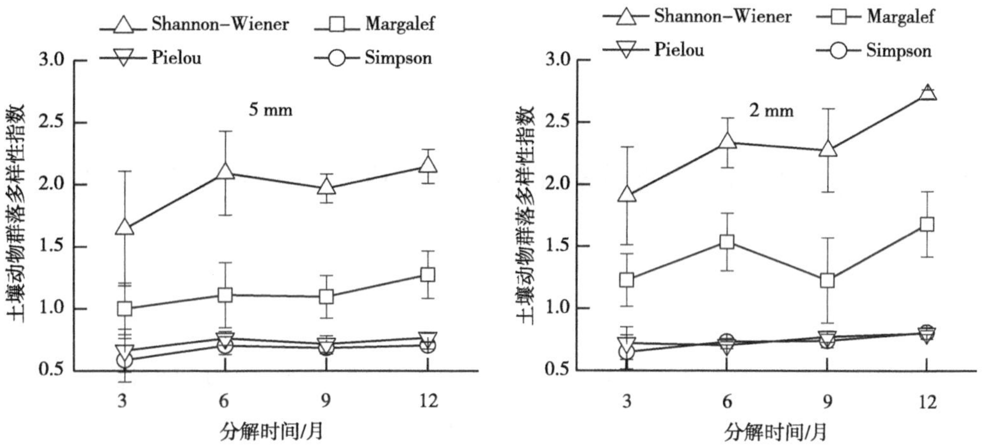

图7-7 青冈+单性木兰凋落物不同孔径中土壤动物群落多样性指数变化

7.3 小结

本实验结果表明，凋落物中土壤动物群落的优势种群为弹尾目和蜱螨目，数量百分比分别为37.62%、45.78%，共占到土壤动物总数的83.39%。土壤动物群落丰富度和多度指数由于分解过程中凋落物残留率的下降而表现出不断上升的趋势，土壤群落丰度指数受到分解时间、凋落袋孔径的显著影响，而土壤动物群落多度指数只受到分解时间的影响，几乎不会受到凋落袋孔径的影响。

青冈（CG）和单性木兰（KD）凋落物在两种不同孔径中土壤动物的Shannon-Wiener多样性指数随分解时间先降低后上升，Margalef丰富度指数与Shannon-Wiener多样性指数变化趋势相同，而Simpson优势度指数和Pielou均匀度指数在分解过程中的波动较小。而青冈+单性木兰（CG+KD）混合凋落物在两种不同孔径中土壤动物的Shannon-Wiener多样性指数和Margalef丰富度指数在分解过程中均表现为上升下降交替变化的趋势，Simpson优势度指数和Pielou均匀度指数在分解过程中的变化情况与单一凋落物相似，变化范围不大。

8　土壤动物对凋落物质量损失及养分释放的影响

凋落物的元素释放过程是分解过程中的重要环节，一方面凋落物的分解使植物中的营养元素逐步归还土壤，保持了土壤肥力，保证了生产力的稳定；另一方面凋落物也给土壤生物提供了营养物质，是森林生态系统中腐屑食物链的重要物质基础（许湘琴 等，2011）。Matson（2011）研究表明，大多数生态系统中植物所吸收的土壤养分，90%以上的氮和磷以及60%以上的矿质元素都来自植被归还给土壤的养分再循环。

本研究选取大量元素C、N（C/N）、P、K，中量元素Ca、Mg和微量元素Mn作为凋落物分解过程中养分释放的研究对象，元素作为凋落物分解过程中养分释放的研究对象，分析其在分解过程中动态变化，探究凋落物分解中养分含量的变化和元素的释放规律。

8.1　土壤动物对凋落物分解影响的测定

8.1.1　凋落物和土壤样品理化性质测定

为了明确不同尺寸土壤动物对分解的影响，选取5 mm、2 mm以及0.03 mm孔径凋落袋用于实验。凋落袋中装有相同质量（10 g）风干叶，每种凋落物各取4袋，在65℃下烘干至恒量，由其推算出放置在凋落袋内样品的初始干重质量，并测定其相关指标的初始质量。这样每次收取回来的凋落袋分离出土壤动物后直接烘干至恒量，手动去除杂物后于纯水中清洗干净，置于60～70℃下烘干并称重，计算凋落物的质量损失率。

选取了大量元素C、N（C/N）、P、K，中量元素Ca、Mg和微量元素Mn作为凋落物分解过程中养分释放的研究对象。凋落物与土壤中的C、N采用元素分析仪测定；P元素的测定采用钼锑抗比色法；凋落物中的K、Ca、Mg、Mn

元素经硝酸—高氯酸（HNO_3-$HClO_4$）消解后，用电感耦合等离子体发射光谱仪（ICP-OES，Optima 5 300V）测定；pH值测定采用电极电位法，土壤固液比取1：2.5，凋落物的固液比取1：10（鲍士旦，2000）。

8.1.2 数据统计处理与分析

$$\text{凋落物质量残留率（\%）}=\frac{X_t}{X_0}\times 100$$

$$\text{凋落物分解模拟计算公式：}X_t=X_0\cdot e^{-kt}$$

式中，X_t表示在第t年凋落物的质量残留量（g）；X_0表示分解前初始凋落物质量，X_0=10 g；k表示平均年分解速率（g/年）。

$$\text{养分释放率（\%）}=\frac{a_0-a_t}{a_0}\times 100$$

式中，a_0为凋落物初始养分含量（mg）；a_t为分解时间的凋落物养分残留量（mg）。

$$\text{土壤动物作用}=\frac{\text{不同孔径凋落袋凋落物质量}-\text{对照处理凋落袋凋落物质量}}{\text{对照处理凋落袋凋落物质量}}$$

式中，不同孔径凋落袋即为5 mm和2 mm孔径网袋，对照处理凋落袋即为0.03 mm孔径网袋。

采用Olson公式$X_{(t)}=ae^{-kt}$（Olson，1963）拟合计算了凋落物的年分解速率和相对分解时间，估算出凋落物的半衰期$t_{0.5}$（凋落物分解50%所需时间）和周转期$t_{0.95}$（凋落物分解95%所需时间）。模型中$X_{(t)}$为第t年的凋落物质量残留率（%），a为拟合参数，t为分解时间（年），k为凋落物年分解速率（g/年），k值越大，凋落物分解速率越快。另根据不同孔径中凋落物质量对应的土壤动物计算其对凋落物的分解作用。

8.2 凋落物质量损失与养分释放动态

8.2.1 凋落物质量损失动态

图8-1表示的是3种不同孔径下两种凋落物和混合凋落物残留率随分

解时间的变化趋势，在12个月的分解过程中，3种不同类型的凋落物的质量都呈现下降趋势，最终凋落物的质量残留率的关系均表现为0.03 mm＞2 mm＞5 mm，对于单性木兰（KD）凋落物，虽然其质量残留率仅在2 mm和0.03 mm达到显著性差异，但是2 mm孔径的质量损失率仍然大于后者，表明大型土壤动物和中小型土壤动物都促进了凋落物的质量损失。

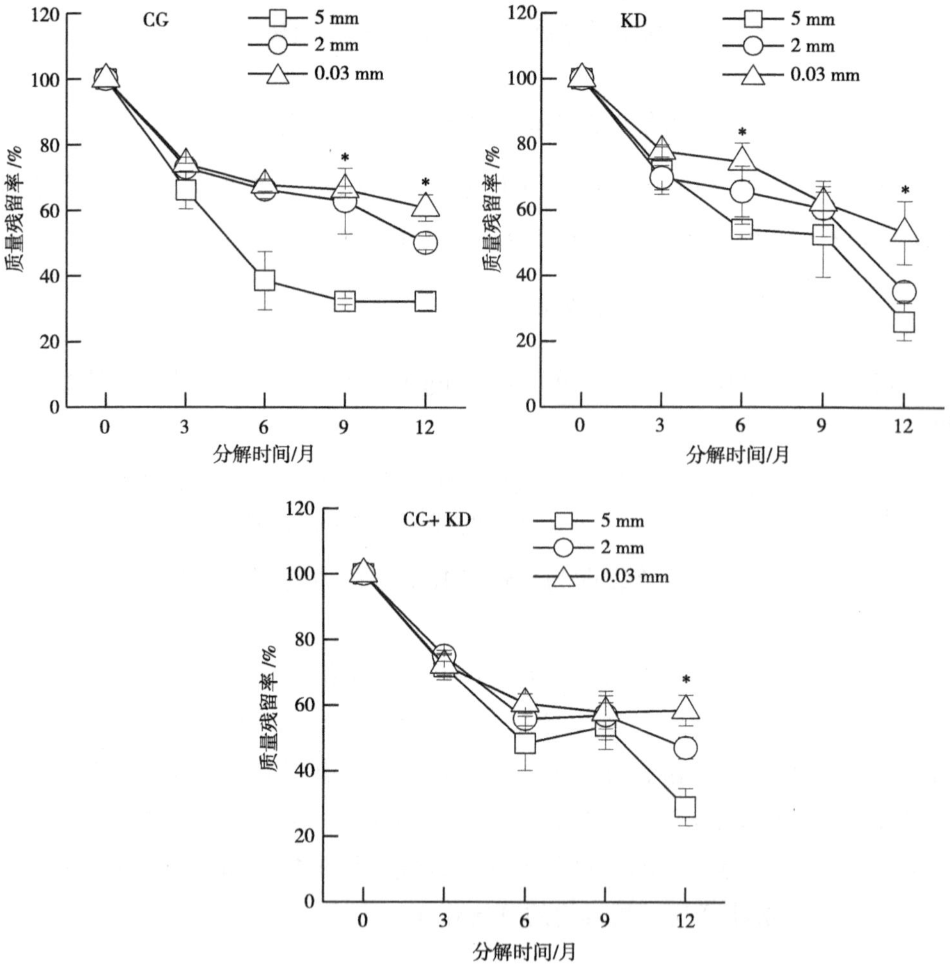

图8-1　不同孔径的凋落物残留率随分解时间的变化

注：*表示显著性水平P<0.05。

由表8-1可知，3种不同类型凋落物的年分解速率大小依次为5 mm＞2 mm＞0.03 mm，其范围分别为1.23～1.35 g/年、0.66～1.01 g/年、0.53～0.66 g/年，不同孔径的凋落物分解拟合方程的相关系数（R^2）均达到显著性水平（除在0.03 mm凋落袋中，$R^2 = 0.782\,3$，接近显著性水平）。在5 mm、2 mm和0.03 mm孔径中，凋落物分解半衰期分别为0.48～0.59年、0.73～0.98年和0.97～1.20年，其周转期分别为2.18～2.46年、3.01～4.47年和4.44～5.52年。

表8-1 不同孔径中凋落物分解模型和土壤动物的作用

凋落物类型	孔径/mm	回归方程	相关系数（R^2）	$t_{0.5}$/（月/年）	$t_{0.95}$/（月/年）	土壤动物作用
青冈（CG）	5	$X_{(t)}=0.950\,2e^{-1.347\,7\,t}$	0.884 4	5.72/0.48	26.22/2.18	26.5%
	2	$X_{(t)}=0.955\,4e^{-0.660\,1\,t}$	0.925 6	11.77/0.98	53.63/4.47	21.2%
	0.03	$X_{(t)}=0.948\,5e^{-0.533\,3\,t}$	0.830 1	14.41/1.20	66.21/5.52	—
单性木兰（KD）	5	$X_{(t)}=1.075\,1e^{-1.315\,8\,t}$	0.912 4	6.98/0.58	27.98/2.33	14.9%
	2	$X_{(t)}=1.042\,0e^{-1.010\,1\,t}$	0.880 9	8.72/0.73	36.08/3.01	36.5%
	0.03	$X_{(t)}=0.977\,7e^{-0.612\,0\,t}$	0.968 6	13.15/1.10	58.30/4.86	—
青冈+单性木兰（CG+KD）	5	$X_{(t)}=1.033\,0e^{-1.231\,5\,t}$	0.896 8	7.07/0.59	29.51/2.46	28.7%
	2	$X_{(t)}=0.957\,0e^{-0.786\,8\,t}$	0.907 2	9.90/0.83	45.02/3.75	23.4%
	0.03	$X_{(t)}=0.950\,4e^{-0.663\,6\,t}$	0.782 3	11.61/0.97	53.25/4.44	—

注：5 mm孔径中表示大型土壤动物作用；2 mm孔径中表示中小型土壤动物作用。

由表8-2可知，对3种孔径中凋落物的残留率两两之间进行配对检验，结果表明3种不同类型凋落物中，5 mm与2 mm孔径及5 mm与0.03 mm孔径之间的凋落物残留率均达到显著性差异水平（$P<0.05$），而2 mm与0.03 mm孔径之间只有KD中有显著性差异，表明在这3种类型凋落物的分解过程中，大型土壤动物对其分解作用显著，而中小型土壤动物的作用不明显（不包括对单性木兰的分解作用）。

根据5 mm和0.03 mm孔径凋落袋中凋落物的剩余绝对质量计算得出土壤动物对青冈（CG）、单性木兰（KD）及青冈+单性木兰（CG+KD）凋落物质量损失的贡献率分别为42.0%、45.9%及45.3%，大型和中小型土壤动物分别为26.5%、14.9%、28.7%和21.2%、36.5%及23.4%（表8-1）。由此可知，在土壤动物和微生物的共同作用下，质量损失最大的为单性木兰凋落物（KD），青冈+单性木兰（CG+KD）的混合凋落物次之，青冈凋落物（CG）最小；另外，在前期的分解过程中，大型土壤动物对混合凋落物（CG+KD）的质量损失作用最大，中小型土壤动物对单性木兰凋落物（KD）的质量损失作用最大。

表8-2　3种凋落物质量残留率在不同孔径下的配对检验结果

凋落物类型	系数	5 mm与2 mm	2 mm与0.03 mm	5 mm与0.03 mm
青冈（CG）	*t*	−5.912	−1.848	−7.758
	df	15	15	15
	Sig.	0.000**	0.084	0.000**
单性木兰（KD）	*t*	−2.347	−2.794	−3.724
	df	15	15	15
	Sig.	0.033*	0.014*	0.002**
青冈+单性木兰（CG+KD）	*t*	−2.589	−1.877	−2.888
	df	15	15	15
	Sig.	0.021*	0.080	0.011*

注：*表示显著性水平$P<0.05$，**表示极显著性水平$P<0.01$。

通过对0.03 mm凋落袋中凋落物的年均分解速率（即周转期）对比发现，在只有微生物作用时，以单性木兰凋落物（KD）的分解速率最快。需要指出的是，通过不同处理组分解1年后的质量差进行计算得出，而此处的年分解速率则是由1年分解过程中凋落物的质量变化拟合计算得到，这两种方法计算结果表明，只有土壤动物或微生物作用时，都表现出了对同一种凋落物，即单性木兰（KD）的分解作用最大的现象，这可能是在只考虑土壤动物作用时，由于凋落袋孔径（5 mm）较大，存在其他物理化学作用（如淋溶）的叠加，在一定程度上放大了土壤动物的作用。

8.2.2　凋落物的C元素释放动态

如图8-2所示，在凋落物CG中，在5 mm和2 mm孔径凋落袋中，C元素含量表现为先释放后富集，而在0.03 mm孔径凋落袋中则一直表现为释放状

态。在单性木兰（KD）凋落物中，不同孔径凋落袋中凋落物C元素分解动态

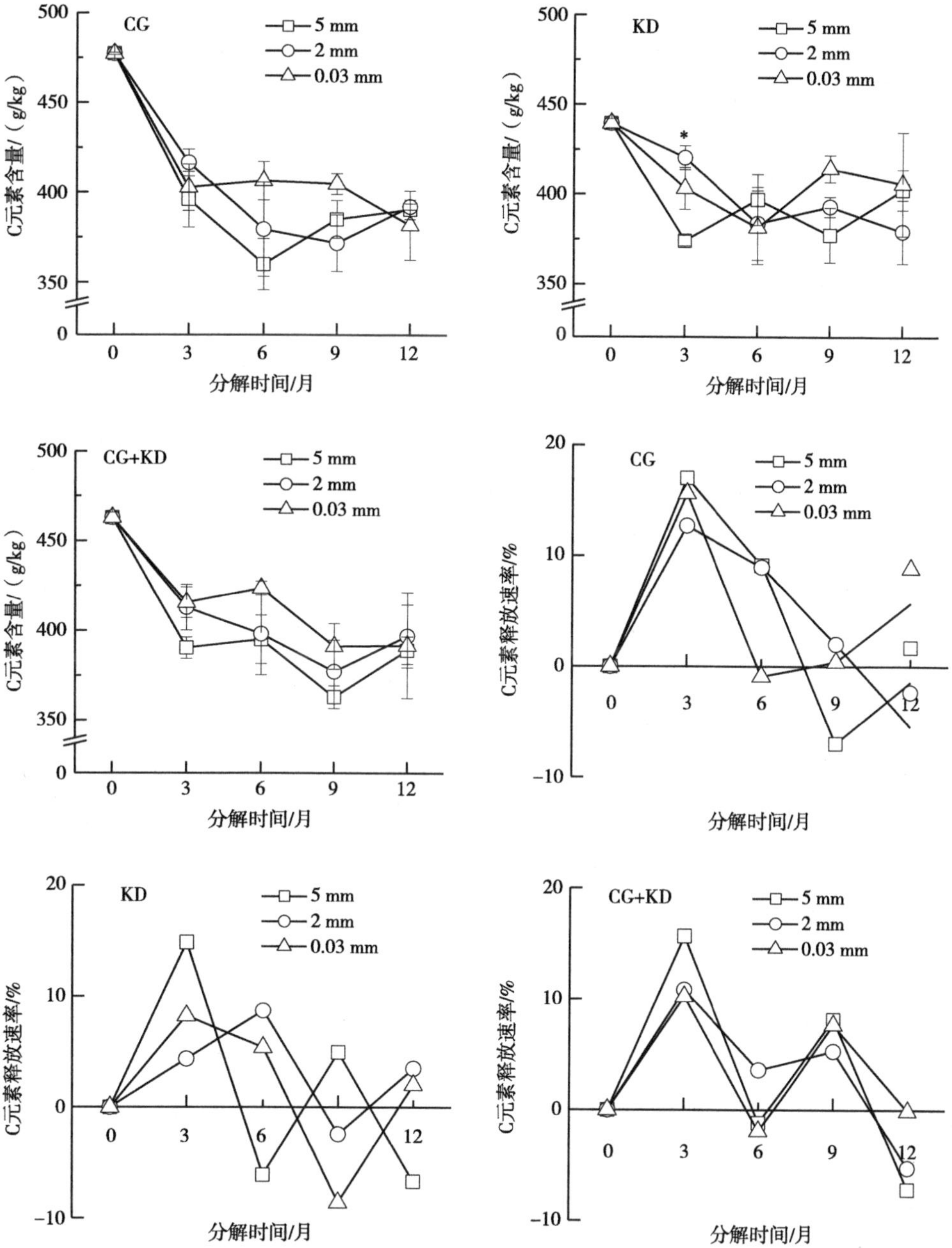

图8-2 凋落物C元素含量和释放速率随分解时间的变化

注：*表示不同孔径凋落袋中凋落物元素含量之间达到显著性差异，$P<0.05$，下同。

交替富集释放，规律较为复杂。在混合凋落物（CG+KD）中，整体上表现为释放状态。除了在分解第3个月后，5 mm、2 mm和0.03 mm孔径中C元素含量达到显著性差异（$P < 0.05$），在其他分解阶段，3种不同孔径凋落袋中凋落物C元素之间未表现出显著性差异。

8.2.3 凋落物的N元素释放动态

由图8-3可知，在青冈（CG）凋落物中，N元素含量在整个分解过程均表现为富集趋势，且3种不同孔径中凋落物N含量之间无显著性差异。在单性木兰（KD）凋落物中，3种不同孔径凋落袋中，N元素均表现为先富集后释放，且2 mm孔径中凋落物N元素含量在分解第3个月、第6个月、第9个月、第12个月中均明显高于5 mm和0.03 mm孔径（图8-3）。在混合凋落物（CG+KD）中，5 mm和2 mm孔径凋落袋中，N元素表现为先富集后释放，而在0.03 mm孔径凋落袋中一直呈现出富集趋势。

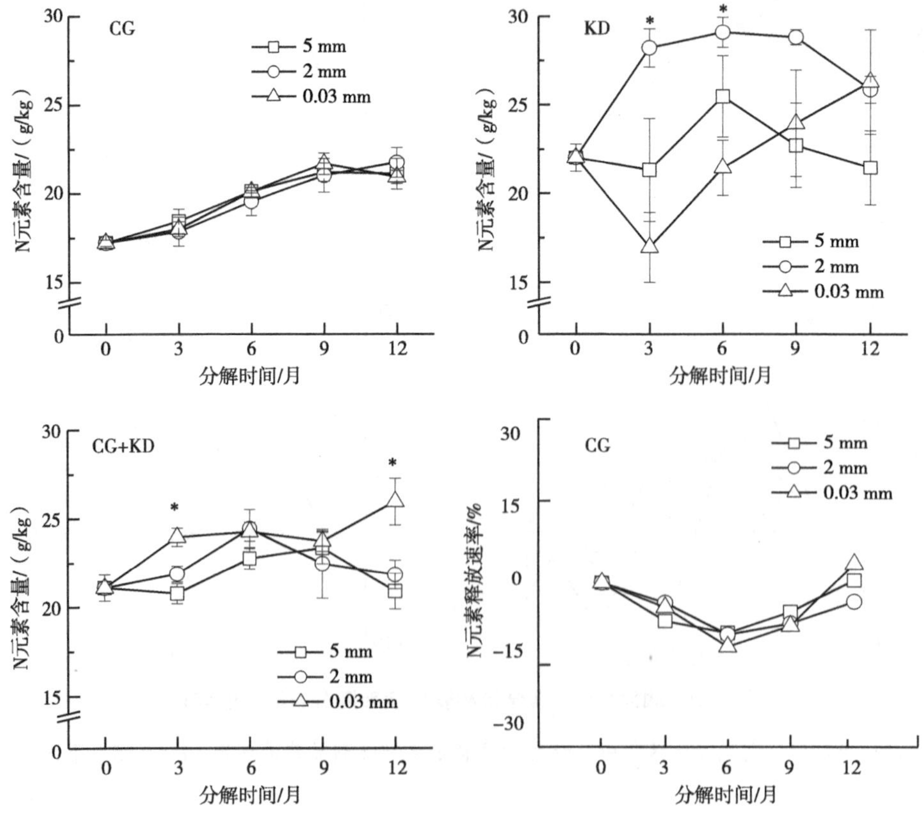

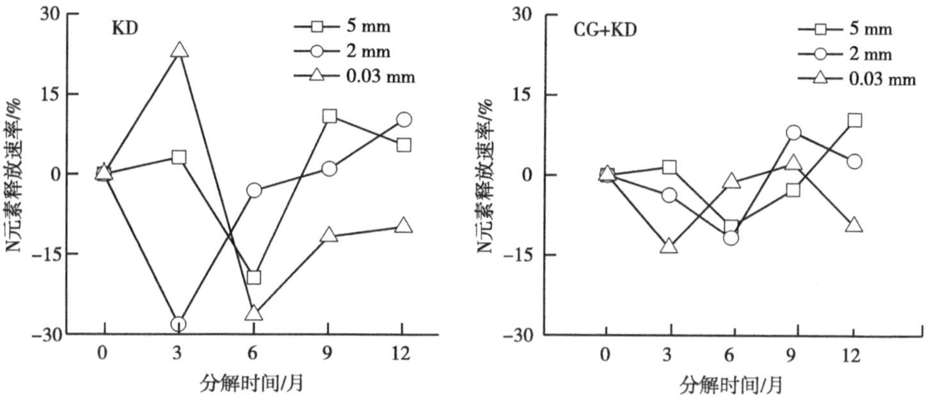

图8-3 凋落物N元素含量和释放速率随分解时间的变化

8.2.4 凋落物的C/N动态变化

凋落物的C/N随着凋落物中C、N元素的变化而变化，3种不同孔径凋落物的C/N变化趋势与其对应的氮元素含量的变化趋势相反。在不同孔径凋落袋中，青冈（CG）凋落物的C/N在分解过程中不断下降（图8-4），这说明微生物对N元素的固持作用也在不断减小，从分解后期凋落物N元素含量的变化也可以看出，分解9个月以后，开始呈现从富集转为降解的趋势。

在青冈（CG）中，其C/N的变化速率呈现出先上升后下降的趋势，且在分解前期，变化速率均大于0，而在单性木兰（KD）中，在0.03 mm凋落袋中，表现为先下降后上升再下降的趋势，而在5 mm和2 mm凋落袋中，表现为先上升后下降，在青冈+单性木兰（CG+KD）混合凋落物中，在3种凋落袋中，基本呈现为下降趋势。

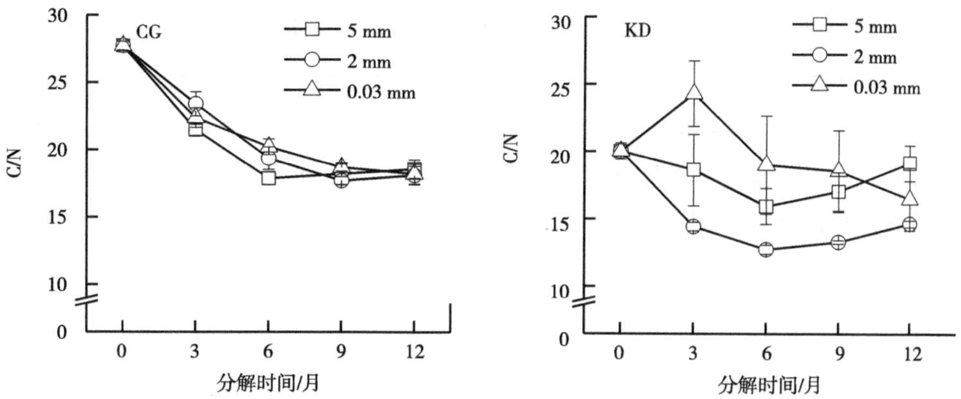

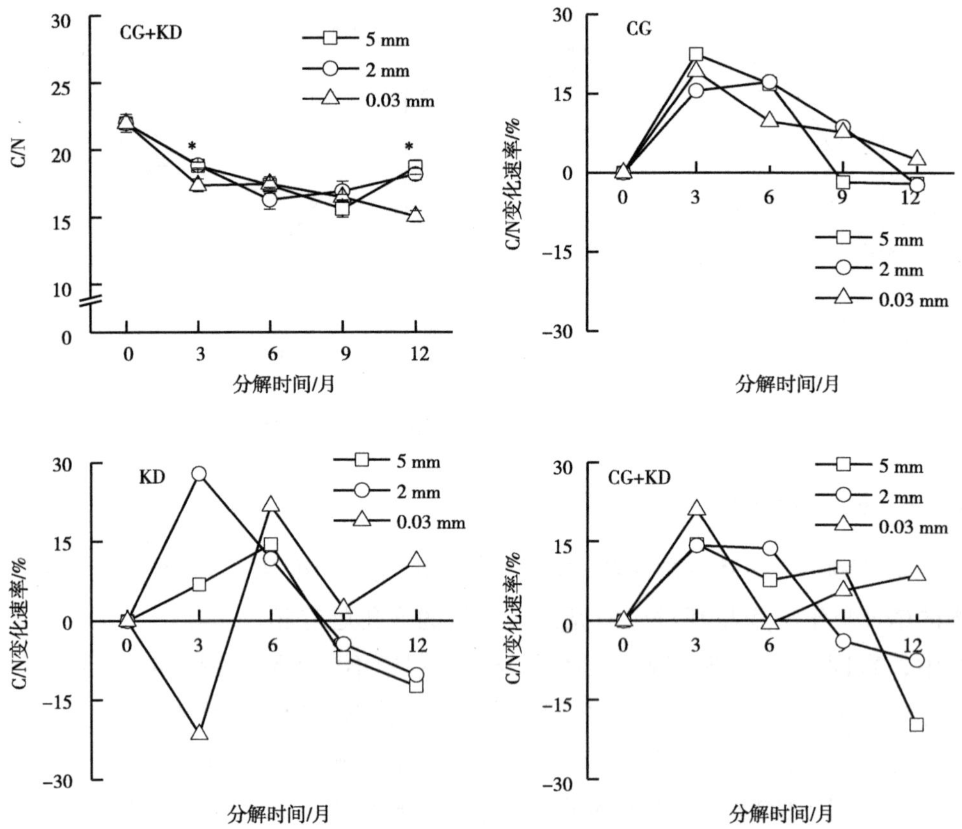

图8-4　凋落物C/N和变化速率随分解时间的变化

8.2.5　凋落物的P元素释放动态

P元素在3种不同类型凋落物中的变化规律相似，均表现出先富集后降解再富集的趋势（图8-5）。在凋落物KD中，P元素含量在2 mm孔径凋落袋中分解第3个月、第6个月时显著高于其他两种凋落袋（$P < 0.05$）。在凋落物CG+KD中，P元素含量在5 mm孔径凋落袋中仅在分解的第3个月显著高于其他两种孔径凋落袋（$P < 0.05$）。P元素释放速率在3种凋落物中均表现为先降低后增加再降低的变化规律。

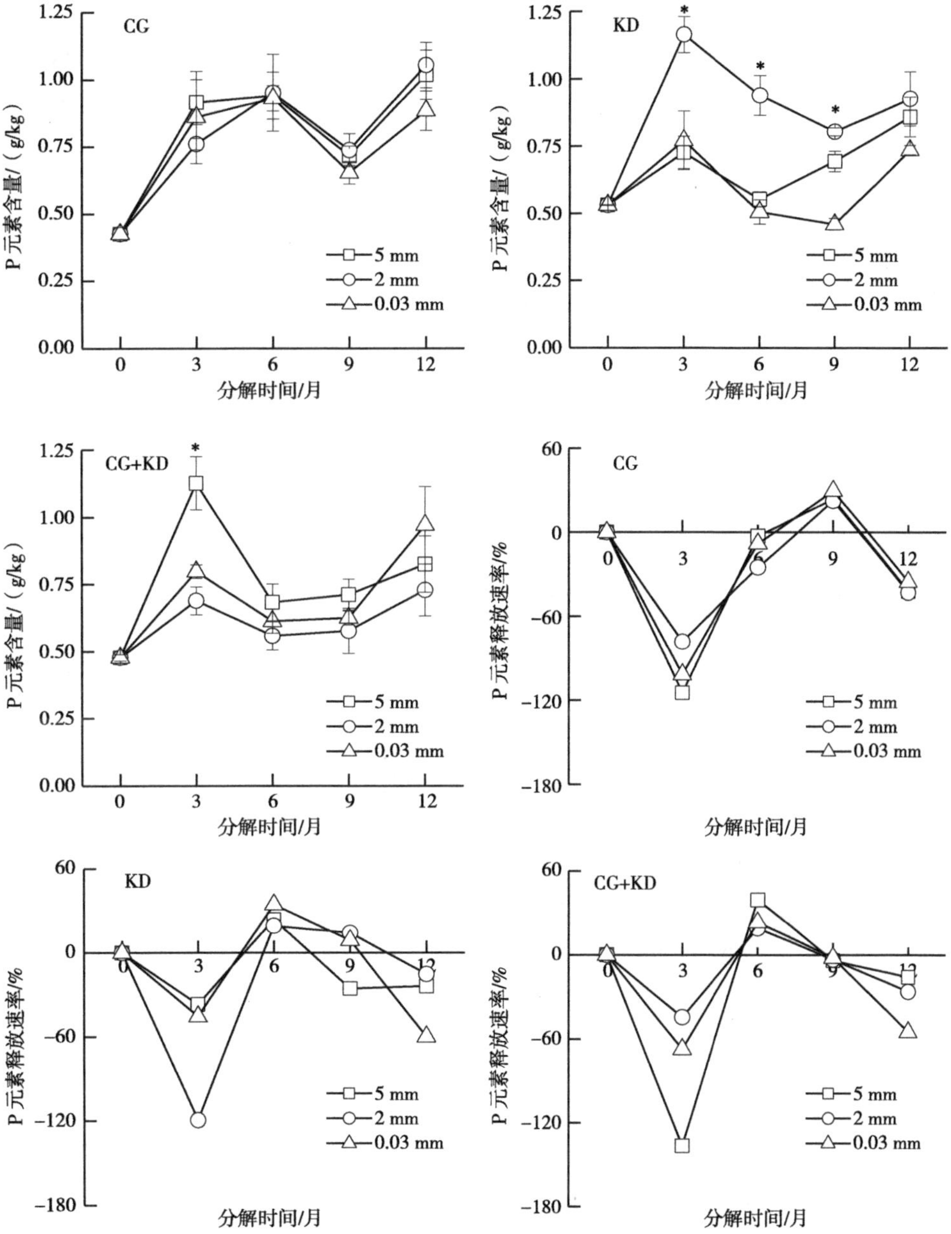

图8-5 凋落物P元素含量和释放速率随分解时间的变化

8.2.6 凋落物的K元素释放动态

如图8-6所示，3种不同类型的凋落物K元素释放过程均表现为先富集后释放再富集，其中CG在前6个月表现出富集状态，在分解第9个月表现为释放状态，第12个月又发生富集，而在单性木兰（KD）凋落物中，在分解前3个月表现富集，在分解第6个月和第9个月表现为释放，第12个月发生富集

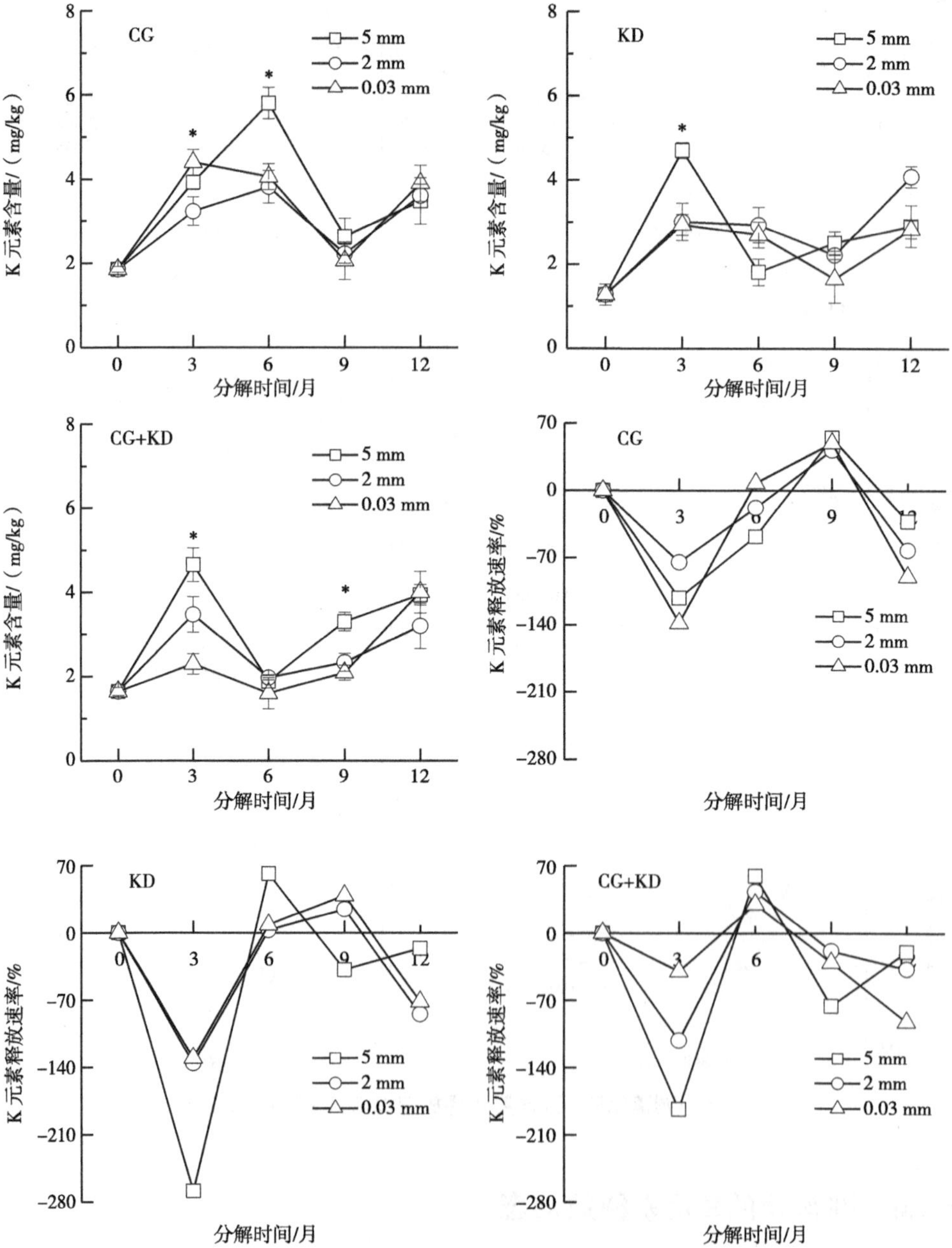

图8-6　凋落物K元素含量和释放速率随分解时间的变化

（在5 mm凋落袋中，在分解第9个月、第12个月发生富集），在混合凋落物（CG+KD）中，在前3个月表现为富集，第6个月表现为释放，而后一直保持富集状态。在不同孔径凋落袋中同种凋落物在分解过程中变化规律不明显，相互之间也未产生显著性差异。

8.2.7 凋落物的Ca元素释放动态

3种不同类型凋落物中Ca元素的变化趋势基本相同（图8-7），均在分解前9个月表现为富集状态，在分解第12个月出现释放，在青冈（CG）凋落物和混合（CG+KD）凋落物中，不同孔径的凋落袋中，各凋落物中Ca元素含量之间无显著性差异，而在单性木兰（KD）凋落物中，在分解第3个月、第6个月、第9个月中，0.03 mm凋落袋中Ca元素的含量均显著高于5 mm和2 mm孔径的凋落袋中（P＜0.05），其他分解时间无显著性差异。

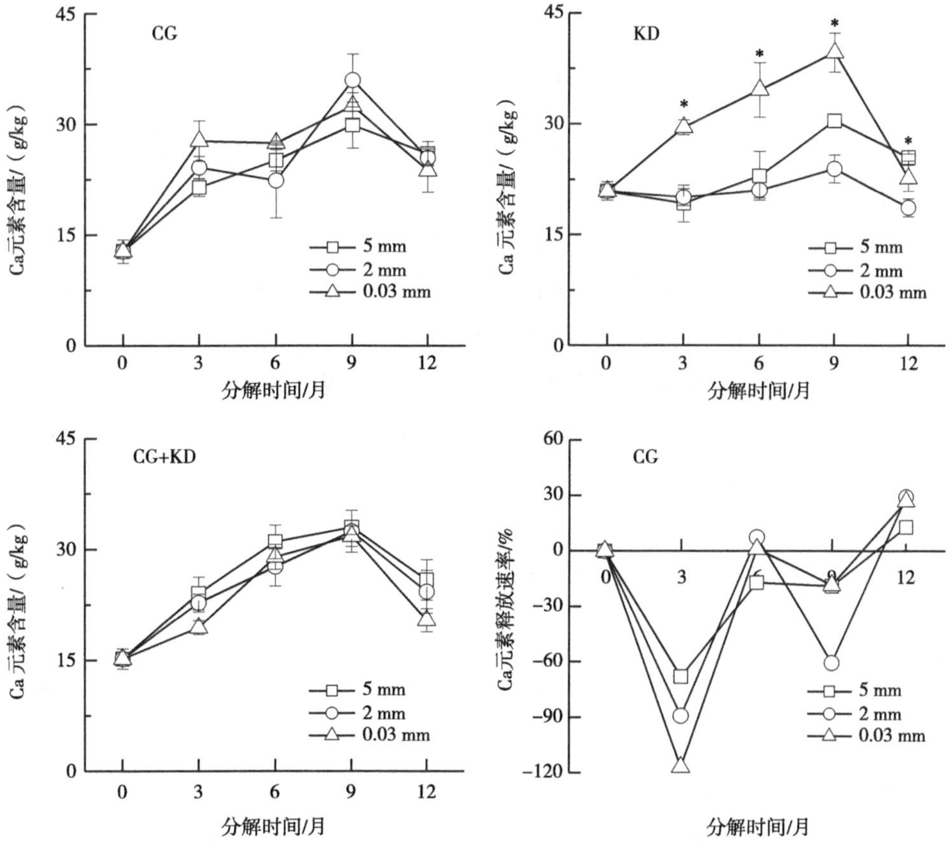

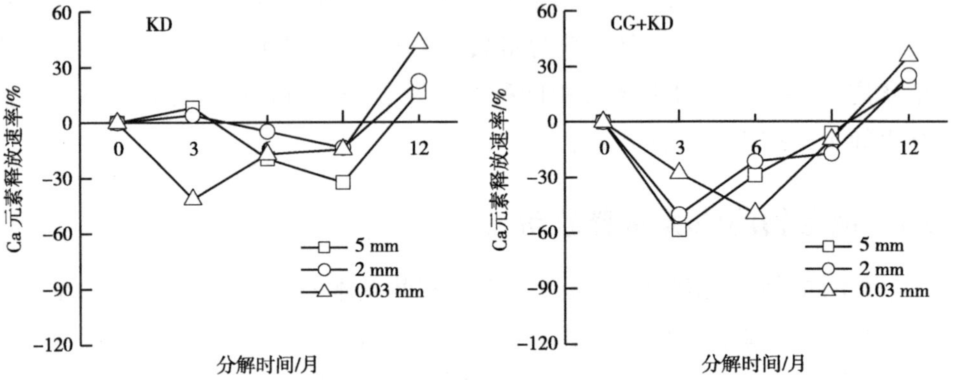

图8-7　凋落物Ca元素含量和释放速率随分解时间的变化

在青冈（CG）凋落物中，其释放速率表现为先下降后上升，变化波动较大，而在单性木兰（KD）凋落物和混合（CG+KD）凋落物中的释放速率变化不大，均表现为先负后正的变化趋势。

8.2.8　凋落物的Mg元素释放动态

单一凋落物单性木兰（KD）和青冈（CG）中的Mg元素含量随着分解时间均呈现出先富集后释放再富集的变化趋势（图8-8），且不同孔径中凋落物之间Mg含量无显著性差异，而在混合凋落物（CG+KD）中，Mg元素在5 mm和2 mm孔径的凋落袋中与单一凋落物的变化趋势相同，而在0.03 mm孔径中表现为先降解后富集，且在分解第6个月、第9个月时Mg元素含量在5 mm和2 mm孔径凋落袋中显著高于0.03 mm孔径凋落袋（$P<0.05$）。

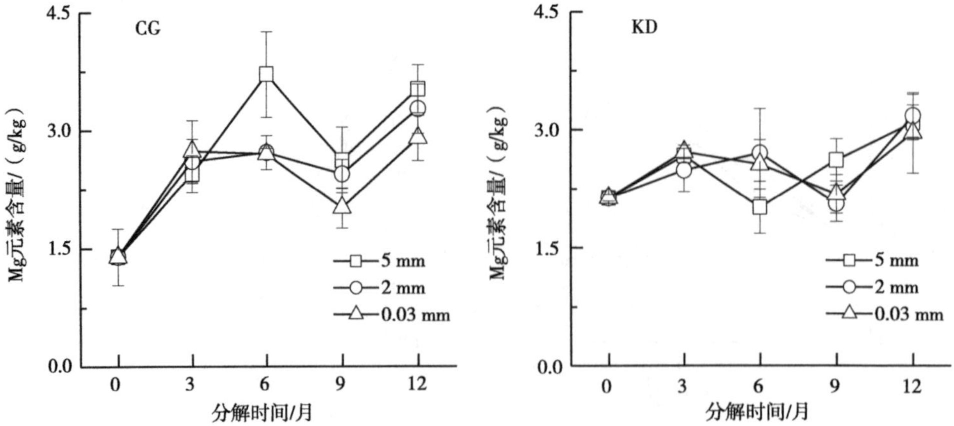

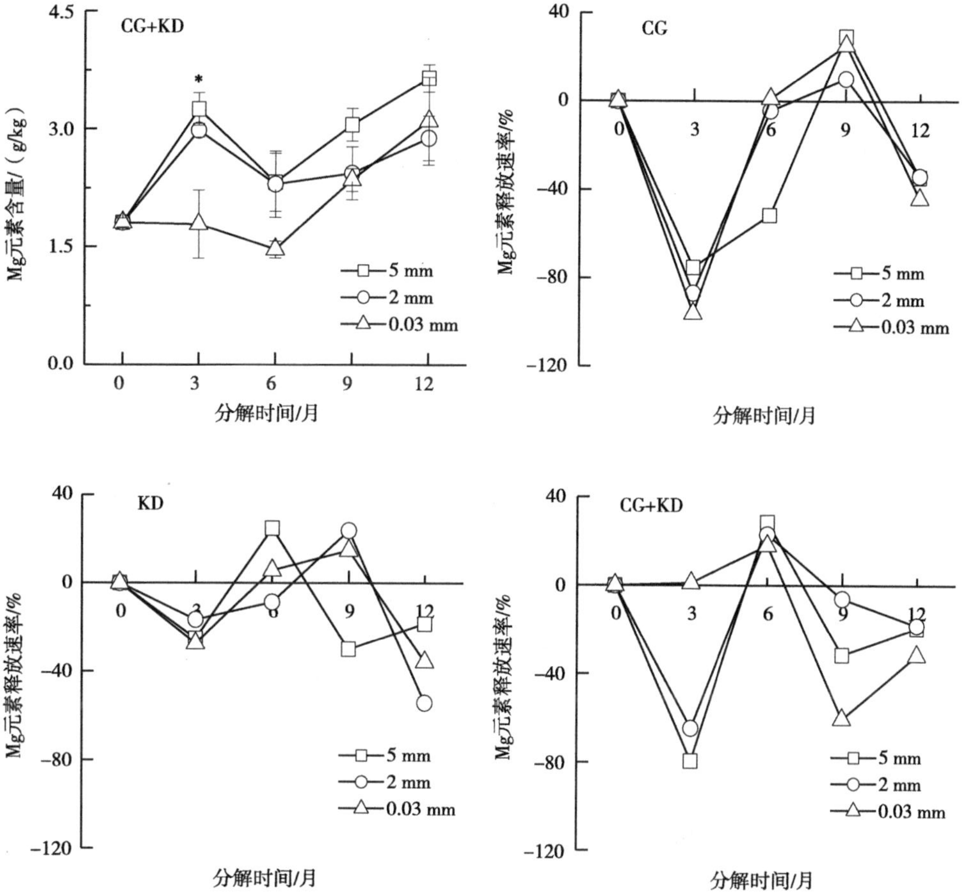

图8-8 凋落物Mg元素含量和释放速率随分解时间的变化

8.2.9 凋落物的Mn元素释放动态

单一凋落物青冈（KD）和单性木兰（CG）中的Mn元素含量的变化趋势和Mg元素表现一致（图8-9），在混合凋落物青冈+单性木兰（CG+KD）中整体表现出先富集后释放的规律。3种不同凋落物在分解过程中的差异不明显。单性木兰（KD）中Mn元素的释放速率最大。Mn元素的释放速率仅在单性木兰（KD）凋落物中变化较大，在其他两种凋落物中变化幅度较小。

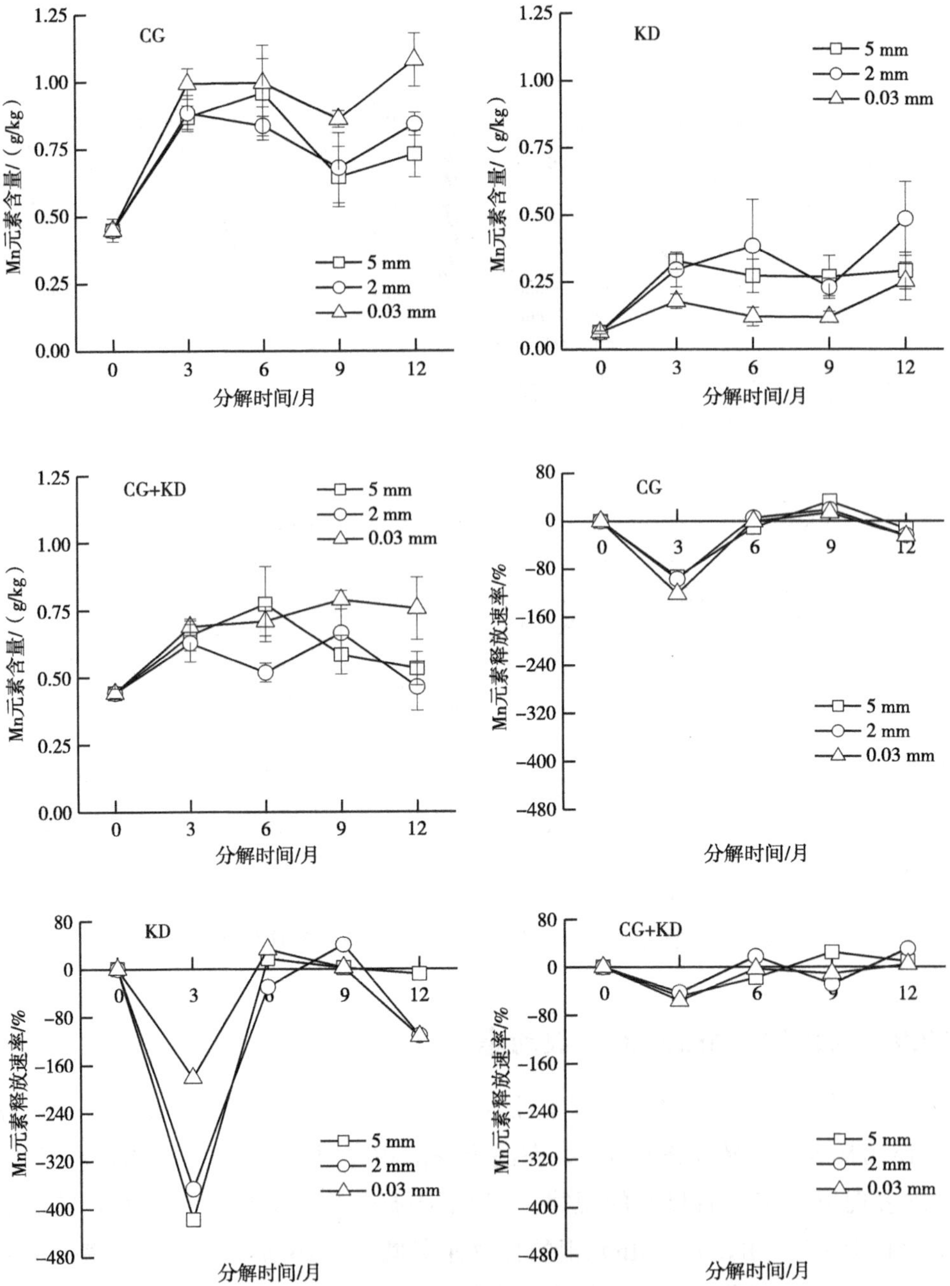

图8-9　凋落物Mn元素含量和释放速率随分解时间的变化

8.3 土壤动物对凋落物质量损失及养分释放的影响

8.3.1 土壤动物对凋落物质量损失的作用

凋落袋因其孔径不同可以排除不同类型的土壤动物（Coleman and Crossley，1996），而这种方法可能也会阻止最高营养级中有机物的输入，使分解群落（土壤动物或微生物）受到限制或抑制，同时可能导致第二营养级中物种的灭绝继而降低凋落物的分解速率（Barajas-Guzmán and Alvarez-Sánchez，2003）。在本研究中，凋落物的质量损失显然受到了不同孔径凋落袋的影响。对于单性木兰凋落物，虽然其质量残留率仅在2 mm和0.03 mm达到显著性差异，但是2 mm孔径的质量损失率仍然大于后者，换言之大型土壤动物和中小型土壤动物都促进了凋落物的质量损失，这与之前的相关研究结果一致（Barajas-Guzmán and Alvarez-Sánchez，2003；Li et al.，2015；Meyer et al.，2011；Wang et al.，2015）。

土壤动物对凋落物的破碎和迁移会减少凋落物的尺寸大小，进而增加微生物在凋落物表层附着和接种的表面积（Chamberlain et al.，2006），另外，大型土壤动物的存在会明显改变土壤微生物的群落和功能关系，组成更为复杂的食物网或者功能作用而加速凋落物的降解（Sauvadet et al.，2016）。比如蚯蚓就会通过捕食作用直接影响土壤动物微食物链或通过生物扰动间接地改变土壤的非生物环境（Bertrand et al.，2015）。本研究也表明，大型土壤动物对处于亚热带地区的茂兰喀斯特森林凋落物的分解起到了较为关键的作用。

因大型和中小型土壤动物的群落功能复杂多样，其对凋落物的分解作用也差异显著。在青冈（CG）和青冈+单性木兰（CG+KD）的混合凋落物的分解过程中，大型土壤动物的分解作用大于中小型土壤动物，而在单性木兰凋落物的分解过程中则效果相反。在2 mm孔径的凋落袋中，青冈和青冈+单性木兰凋落物分解80%所需要的时间分别是2.35年和2.31年，而同等情况下，单性木兰凋落物所需要的时间是1.64年，在3种不同类型的凋落物中是最快的，这也说明单性木兰凋落物更容易被中小型土壤动物取食，而在青冈和青冈+单性木兰前期的分解过程中则主要是大型土壤动物占据主导作用。Makulec等（2006）的研究表明，相对于凋落物多样性其质量是影响土壤动物类型的主要因子。凋落物质量或许是其分解过程中的主要决定因素。相对于高质量凋落物，中小型土壤动物可能对低质量凋落物分解的促进作用更大（Gergócs and Hufnagel，2016）。Xin等（2012）的研究表明，与大型土壤动物相比，低质量的凋落物在分解过程中更容易被其取食。Frouz等（2015）研究发现，当凋落物的C/N＜20时，即便是在不存在大型土壤动物的情况下，其分解速率也是最快的，而本实验中所采用的单性木兰凋落物，其C/N的值为20.01，几乎等于Frouz等（2015）研究中C/N的临界值，这也可能是在单性木兰凋落物分解过程中，中小型土壤动物作用大于大型土壤动物的原因。而对于高质量凋落物，大型土壤动物的主要作用是在前期分解过程中对凋落物进行破碎、撕裂，以此为其他微生物等分解者提供栖息环境（Swift et al.，1979）。

8.3.2　土壤动物对凋落物C元素释放的影响

David（2014）指出土壤动物对凋落物分解过程中的氮矿化具有关键作用，Grandy等（2016）也认为土壤动物群落多样性、多度和丰度等的变化对于凋落物分解和氮矿化非常敏感。根据Lavelle等（1993）提出的模型，在一个恒定的气候环境和土壤有机生态群落相似的条件下，凋落物质量是制约凋落物分解最主要的因素。以往研究表明，土壤动物群落在凋落物分解过程中扮演着至关重要的角色（Yang and Chen，2009）。本研究中，两种不同孔径凋落袋中土壤动物丰度存在差异但不显著，表明了土壤动物多样性和多度并不受凋落物质量的影响，很可能是因为凋落物C/N在20～30，限制了土壤动物的分解能力（Frouz et al.，2015）。因此，明晰土壤动物对凋落物C、N、P等养分释放的影响，对了解茂兰喀斯特土壤动物多样性具有重要意义。

3种不同类型凋落物C元素含量在分解过程中整体表现出释放趋势，可能是随着凋落物的不断分解，其大分子物质（木质素、纤维素等）逐渐转换成小分子物质（单糖等），使得其碳含量降低。C是组成有机体的主要元素，在凋落物的分解过程中，随着其质量损失的加剧，碳含量的下降也是必然趋势，而不同类型凋落物因自身理化性质不同，导致其下降速率不同。本研究中的青冈（CG）和单性木兰（KD）凋落物中碳含量变化的差异证实了这一结论。对3种凋落物在不同孔径凋落袋内的碳含量作差异显著性分析，发现5 mm孔径凋落袋内的单性木兰在分解第3个月的碳含量显著低于2 mm和0.03 mm，另两种凋落物在分解过程中未表现显著差异，表明土壤动物在凋落物分解过程中并未对碳元素的释放具有显著影响。

8.3.3 土壤动物对凋落物N元素释放的影响

本实验中，在两种较大孔径凋落袋中，3种不同类型凋落物的N含量在分解初期均表现出增加的趋势，而在0.03 mm凋落袋中，其N含量在整个分解时期一直处于上升状态。这表明土壤动物促进了N元素的矿化，与Li等（2015）、Yang和Chen（2009）的研究结果相符合。但是N元素含量在5 mm和2 mm凋落袋中并未产生显著性差异，这说明大型土壤动物对N元素的富集作用不显著，可能是由于本实验中的研究样点地处亚热带原始森林，虽然选择了两种孔径的凋落袋，但其中存在的中小型土壤动物种类较多，使大型土壤动物对N元素的作用被相对弱化。David（2014）指出在凋落物分解过程中土壤动物对氮元素的矿化具有关键作用。在本研究中，不同孔径中青冈（CG）凋落物中的N含量随着分解时间不断上升，但差异未达到显著性水平，在分解初期土壤动物对低质量（高C/N）凋落物主要以破碎作用为主，对于N元素的降解，主要是微生物起主导作用，因此在不同孔径的凋落袋中氮素含量的变化差异不显著。N元素在分解矿化的过程中，同时会被微生物固定，最终导致凋落物中N元素含量的升高，因此，一般情况下，正在分解的凋落物其N元素含量是增加的（骆亦其，2007）。Bryant等（1998）的研究也发现，在高C/N的凋落物中由于微生物对N的固持作用，会限制N向土壤中释放，青冈（CG）中凋落物的C/N也相对较高，其N含量不断上升的变化也说明了上述研究理论。

对于单性木兰（KD）凋落物，在5 mm和2 mm凋落袋中，凋落物N元素含量在分解前期处于富集状态，在分解后期转为释放状态，而对照组（0.03 mm）中则整体表现为富集状态，说明土壤动物在分解前期抑制了单性木兰（KD）中N元素的释放，在分解后期又促进了其释放。同样地，在青冈+单性木兰（CG+KD）凋落物中，土壤动物也促进了氮素的释放。可见，土壤动物对凋落物氮元素的释放作用主要与凋落物性质相关。李海涛等（2007）对亚热带地区的人工林凋落物的研究也发现，初始C/N较高的湿地松林、马尾松林凋落物在中前期表现出N的富集现象，然后才开始净释放，而初始C/N低的杉木林凋落物则未出现N的富集现象，这与本研究中单性木兰（KD）在分解过程中的变化不一致，可能是由于地带性差异导致的凋落物分解所处的水热环境不同，对凋落物N元素的分解产生了不同的影响。

8.3.4 土壤动物对凋落物C/N的影响

凋落物中的C/N也随着凋落物中C、N元素的变化而变化，3种不同孔径中的凋落物变化趋势与其对应的N元素含量呈相反趋势，在不同孔径凋落袋中，青冈（CG）凋落物的C/N在分解过程中不断下降，这与分解过程中C元素释放和N元素固定的结果相对应。从分解第9个月开始，除了对照组（0.03 mm），其他凋落袋中凋落物C/N开始上升，骆亦其（2007）研究表明，当凋落物中矿化的N超过微生物的生长需求时，凋落物C/N便会停止下降，这为本实验结果提供了一个较为合理的解释。此外，凋落物N含量在分解第9个月后，也开始呈现从富集转为释放的趋势，这也为上述理论提供了数据支撑。在青冈（CG）和单性木兰（KD）的混合凋落物中，在分解第3个月、第12个月时，土壤动物的作用显著，这可能是凋落物的混合对土壤动物的捕食（微生物）、栖居环境等产生一定的影响，Soong等（2016）提出C/N的变化可以代表土壤动物对凋落物残留物中化学性质的改变，本研究中C/N在不同凋落袋中的变化差异也证实了这一观点。

8.3.5 土壤动物对凋落物P元素释放的影响

本研究中，P元素在3种不同类型凋落物中的变化规律相似，均表现出先富集后释放再富集的变化趋势。而土壤动物对P元素的分解作用也仅在凋落物单性木兰（KD）中表现突出，且主要是中小型土壤动物作用显著（$P<0.05$），大型土壤动物仅在分解第9个月有显著性作用（$P<0.05$）。在有机体的新陈代谢过程中，高能磷酸键通过二磷酸腺苷（ADP）和三磷酸腺苷（ATP）间的可逆转化而释放和储存能量，是细胞内一切生物化学作用的能量基础。研究表明，凋落物中P向土壤的净释放过程有生物和非生物固定两种情形，生物固定指真菌、细菌、放线菌的菌丝体将P向土壤中迁移；非生物固定（或称土壤固定）指环境中风化程度高的酸性土壤中Fe和Al的活性较

强，有机P变成磷酸根或磷酸氢根离子后易与Fe和Al结合，并以难溶性的磷酸铁或磷酸铝存在于土壤（Swift et al.，1979）。

本实验中凋落物中P的富集过程可能是生物固定作用下P的反向迁移过程，同时，在凋落物分解过程中也可能有一个P的外源补充和再释放的过程。从单性木兰（KD）凋落物分解过程中P元素的释放速率变化来看，土壤动物既有促进作用，也有抑制作用，促进作用可能是土壤动物对凋落物的破碎和转移行为，增加了微生物对P元素的固定（或降解）所需要的附着面积，提高了微生物群落活性，而在其他两类凋落物的分解过程中，虽然土壤动物基本上没有表现出显著性作用，但是从数值上来看，与对单性木兰（KD）凋落物的作用规律相似。总体来看，土壤动物对凋落物P元素作用机制较为复杂，且与凋落物种类有关。

8.3.6　土壤动物对凋落物K元素释放的影响

P、K均是植物生长发育不可缺少的必需营养元素，K则是40多种酶的辅助因子，能够活化参与细胞呼吸作用和光合作用的酶活性，是促进细胞膨胀和维持细胞内电中性的主要阳离子，通过控制气孔运动而影响植物的蒸腾作用（李海涛 等，2007）。3种不同类型凋落物中K元素的释放过程均表现为先富集后释放再富集，变化规律与P元素较为相似，土壤动物对不同类型凋落物K元素的释放均表现出一定的作用。本研究结果发现，虽然K元素和P元素的分解规律相似，但K元素的相对释放速率在大多分解过程中高于P元素。一般来说，K元素易溶解于水，容易被淋失，在森林生态系统中的可迁移性比P元素更大，能更快地进入养分的再循环过程，受到外界环境条件，如降水导致的淋溶过程等影响的概率更大，这为本试验中K元素的变化情况做出了可能的解释。

通常情况下，凋落物中元素的释放存在两种机制，即从组织中淋溶出来和通过微生物生命活动产生的分解作用释放出来。而由于自然条件下发生的生态过程的复杂性，同一元素在分解过程中可能存在两种释放机制，关键是看哪种机制起主导作用（李海涛 等，2007）。本实验结果表明，K的释放可能主要受前一种机制的影响，而P主要受到后一种机制的影响。同样地，不管是淋溶转移过程还是微生物的固持或迁移过程，土壤动物在其中都有着不同程度的作用，而凋落物分解过程的复杂性和外界水热环境的空间异质性等因素可能导致了本实验中土壤动物作用规律不明显，其中更细致的过程和作用机理有待今后进一步研究。

8.3.7 土壤动物对凋落物Ca元素释放的影响

3种不同类型凋落物中Ca元素的变化趋势基本相同，均在分解前9个月表现为富集状态，在分解第12个月出现释放。在青冈（CG）凋落物和青冈+单性木兰（CG+KD）的混合凋落物中，3种不同孔径的凋落袋中凋落物Ca元素含量无显著性差异，而在单性木兰（KD）凋落物中，在分解第3个月、第6个月、第9个月中，0.03 mm凋落袋中Ca元素的含量均显著高于5 mm和2 mm孔径的凋落袋（$P<0.05$），这说明土壤动物在此过程中显著促进了单性木兰（KD）中Ca元素的释放。杨效东和邹晓明（2006）采用2 mm和0.15 mm的凋落袋，对西双版纳热带雨林中混合凋落物的分解研究也发现，土壤动物对Ca、Mg元素的释放有明显的强化作用。崔洋等（2012）对常绿阔叶林中栲树叶凋落物研究结果显示，大型土壤动物对凋落物Ca、Mg元素释放率的影响较大，而本研究中仅在一种凋落物中出现了这种现象，说明土壤动物对凋落物Ca元素的释放和浓度变化的作用上，凋落物种类的影响较大。

8.3.8 土壤动物对凋落物Mg、Mn元素释放的影响

3种不同类型凋落物中Mg元素含量均随着分解时间呈现出先富集后释放再富集的变化趋势，在青冈+单性木兰（CG+KD）的混合凋落物分解过程中，5 mm和2 mm凋落袋中Mg元素的含量显著高于0.03 mm孔径，说明土壤动物的存在抑制了凋落物中Mg元素的释放。一般而言，森林凋落物分解过程中的元素迁移有淋溶—富集—释放、富集—释放、直接释放3种模式（Berg，2000；Blair，1988），以及在分解期间淋溶、富集、释放3种情形的交替发生。在本研究中，土壤动物对Mg元素的影响较小，只在CG+KD混合凋落物分解第3个月时产生显著性差异。Ca和Mg元素是凋落物中难分解的有机组分，难以被微生物利用，在分解初期可能也难以进入微生物—土壤动物的物质循环系统中，而不同孔径凋落袋中青冈+单性木兰（CG+KD）凋落物Mg元素含量出现的差异，可能是孔径较大的凋落袋增加了凋落物和外界环境的接

触机会，使得淋溶作用起到了主导作用。

单一凋落物青冈（CG）和单性木兰（KD）中，Mn元素含量的变化趋势和Mg元素表现（先富集后释放再富集）一致，在CG+KD混合凋落物中则基本表现出先富集后释放的规律。有研究指出Mn元素在凋落物分解过程中的富集作用受生物因素影响（Hofrichter et al.，2001），Meyer等（2011）夏威夷岛的雨林凋落物研究发现，土壤节肢动物对凋落物Mn元素的降解贡献率达30.3%。李晓强（2014）对长白山岳桦林主要优势植物凋落物研究发现，土壤动物促进了Mn元素的释放，且随分解时间的延长，对凋落物的促进作用影响越大。本研究通过差异显著性分析表明，土壤动物对Mn元素的分解过程无显著性作用，但从其绝对含量值来判断，在青冈（CG）凋落物和青冈+单性木兰（CG+KD）的混合凋落物中，土壤动物有促进Mn元素释放的趋势和可能。

8.4 小结

在1年的分解过程中，3种不同类型的凋落物的质量整体上都呈现下降趋势，最终凋落物的质量残留率均表现为0.03 mm > 2 mm > 5 mm。青冈（CG）、单性木兰（KD）和青冈+单性木兰（CG+KD）3种不同类型凋落物的年分解速率大小依次为5 mm > 2 mm > 0.03 mm，其分解速率分别为1.23 ~ 1.35 g/年、0.66 ~ 1.01 g/年、0.53 ~ 0.66 g/年，在5 mm、2 mm和0.03 mm孔径中，凋落物分解半衰期分别为0.48 ~ 0.59年、0.73 ~ 0.98年和0.97 ~ 1.20年，其周转期分别为2.18 ~ 2.46年、3.01 ~ 4.47年和4.44 ~ 5.52年。C元素含量在不同凋落物中的变化规律较为复杂，3种不同孔径凋落袋中凋落物C元素之间未表现出显著性差异；N元素含量在青冈（CG）凋落物中在各分解过程表现为富集趋势，在单性木兰（KD）凋落物中，表现为先富集后释放，在混合凋落物（CG+KD）中，主要呈现出富集趋势。不同孔径凋落物的C/N变化趋势与其对应的氮元素含量的变化趋势相反；3种不同类型的凋落物K元素释放过程均表现为先富集后释放再富集；3种不同类型凋落物中Ca元素的变化趋势基本相同，均在分解前9个月表现为富集状态，在分解第12个月出现释放；单一凋落物青冈（KD）和单性木兰（CG）中的Mn元素含量的变化趋势和Mg元素表现一致，均呈现出先富集后释放再富集的变化趋势。

9 不同干扰程度的土壤真菌群落特征

土壤真菌在森林生态系统中作为木质化纤维成分的分解者参与物质循环、能量流动及信息传递，土壤环境、理化因子及地上植被类型等显著影响着真菌群落的结构与组成（黄志宏 等，2007）。人为活动对土壤真菌群落的扰动主要包括放牧、耕种等人为管理的加剧（王鑫朝 等，2017），它们改变了地上植被类型及地下土壤环境，使真菌群落多样性发生变化，对喀斯特区土壤质量状况具有指示性作用（唐政 等，2014）。对喀斯特区土壤微生物群落的研究多集中于石漠化进程中土壤微生物的生态分布、不同植被类型下土壤微生物群落特征等，对该区受不同干扰程度的土壤微生物群落多样性及组成的研究，能够揭示该区受干扰的土壤真菌群落特征以及对干扰程度的响应。因此，本章对茂兰喀斯特区受不同干扰程度的耕地、间伐林及原生林土壤进行研究，通过高通量测序技术，分析了土壤真菌群落物种丰富度、物种总数以及不同类型土壤真菌群落的相似性和差异性。研究发现，干扰对土壤真菌群落具有显著影响，干扰不同导致土壤真菌群落差异菌种表现不同，因此，通过高通量测序技术对土壤真菌群落结构进行分析，不仅能够对真菌群落各分类水平菌种进行鉴别，也能够通过真菌群落的变化对喀斯特土壤环境的变化做出预测，对喀斯特区土壤合理利用提供更科学的建议。

9.1 样地概况与土壤真菌群落测定

9.1.1 样地概况与采样方法

在该喀斯特区内存在3种不同干扰程度的土壤类型，一种是开荒进行长期作物种植的耕地，一种是定期砍伐老龄树种的竹林，还有一种是不受人为干扰的原生林，选取这3种受不同干扰程度的样地为研究对象，在样区内采集表层0 ~ 10 cm深的土壤样品，放入已灭菌的50 mL离心管，密封包装后置于保温箱内，带回实验室存于-80℃冰箱中，进行样品总DNA提取等实验。

9.1.2 真菌群落性质测定

按照说明书用E.Z.N.A.® Soil DNA Kit（Omega Bio-Tek，USA）试剂盒对土壤微生物DNA进行提取，得到的DNA用TE溶液溶解，放置于-20℃用于后续研究；对基因组DNA进行完整性和浓度的检测后，确定PCR（Polymerase chain reaction）反应中加入DNA的量进行定量PCR分析，对产物的ITS区（Internal transcribed spacers）进行电泳、回收和定量，根据测得的DNA浓度把样品混合，振荡均匀后利用Miseq测序平台进行高通量测序，真菌ITS扩增区域使用引物ITS1F（5′-CTTGGTCATTTAGAGGAAGTAA-3′）/ITS2R（5′-GCTGCGTTCTTCATCGATGC-3′），委托上海美吉生物进行高通量测序，分析土壤真菌群落结构与多样性。

9.1.3 数据分析

原始测序数据使用QIIME软件（1.9.1）（http://qiime.sourceforge. net/）（Caporaso et al.，2011）和USEARCH过滤序列并去除嵌合体（filter_otus_from_otu_table.py），对过滤后的序列进行质量控制（multiple_split_libraries_fastq.py命令去除质量得分较低的序列），质控后的序列以97%的相似度进行OTU（Operational taxonomic unit）聚类（pick_open_reference_otus.py），细菌序列与Greengenes 13_8数据库进行比对注释，真菌序列与UNITE数据库进行比对注释（McDonald et al.，2012），得到所有样本的物种注释信息，根据抽平后的OTU表进行下游数据分析与可视化。

使用R语言（3.6.3）中的“vegan”包计算微生物群落的多样性（Chao1指数）、丰富度和基于“Bray-curtis”距离的Beta多样性（PCoA分析）以及差异相似性；使用Linear discriminant analysis Effect Size（LEfSe）（http://huttenhower.sph.harvard.edu/galaxy）分析不同处理土壤的微生物类群差异。

9.2　土壤真菌群落多样性及结构差异分析

9.2.1　土壤真菌群落多样性特征

受干扰程度不同，各样地真菌群落多样性表现不同，如表9-1所示，对不同干扰程度土壤真菌群落多样性分析发现Chao1指数和观测物种数表现一致，均在受定期砍伐的竹林土壤中表现出较高数值，其次是未受干扰的原生林土壤，指数最低的是受干扰较大的耕地土壤，多样性指数反映了定期砍伐的竹林土壤中真菌含量及真菌群落丰富度均高于未受干扰的原生林和受干扰较大的耕地土壤。两种多样性指数均在受干扰较大的耕地土壤中表现出较小数值，表明当对原生林干扰较小时，土壤真菌群落丰富度增加，当干扰增加到一定程度时，土壤微生物含量及群落丰富度都显著低于原生林。

表9-1　土壤真菌群落多样性指数

样地	多样性（Chao1）	丰富度（观测物种数）
A	3 110.8	1 464.5
B	3 494.7	1 654.8
C	3 394.9	1 598.6

注：A表示受干扰较大的耕地土壤；B表示定期砍伐的竹林土壤；C表示未受干扰的原生林土壤。下同。

9.2.2　土壤真菌群落结构特征

通过高通量测序共获得真菌群落为4门11纲55目145科361属。不同干扰程度对土壤真菌群落的影响不同（图9-1），3种不同干扰程度下土壤检测到的真菌群落在门分类水平上相对丰度超过0.01%的类群有Ascomycota（子囊菌门）、Basidiomycota（担子菌门）、Zygomycota（接合菌门）以及unidentified（未分类）类群、未分类真菌和其他真菌。Ascomycota（子囊菌门）、Basidiomycota（担子菌门）属于3种土壤中相对丰度超过1%的主要类群，Glomeromycota（球囊菌门）的相对丰度均小于0.01%。Ascomycota（子囊菌门）在3种不同干扰程度的土壤中相对丰度为48.1%～73.2%，显著高于其他菌群，是喀斯特区土壤真菌群落中的优势菌群，未分类类群和未分类真菌的相对丰度在真菌门分类水平中占有一定比例，为27.7%～64.5%。优势菌群Ascomycota（子囊菌门）在受干扰较大的耕地土壤中的丰度较原生林（58.2%）和定期砍伐林（58.9%）的低，约为56.4%；Basidiomycota（担子菌门）在未受干扰的原生林土壤中的丰度最低，约为1.78%，显著低于定期砍伐林和耕地土壤（3.68%和3.49%）；Zygomycota（接合菌门）在耕地土壤中的丰度最低（0.045%），显著低于定期砍伐林（0.089%）和原生林（0.095%）；未分类类群和未分类真菌及其他类群的丰度之和在耕地土壤表现最高（40.1%），其次是原生林土壤（39.9%），定期砍伐林土壤相对最低（37.3%）。

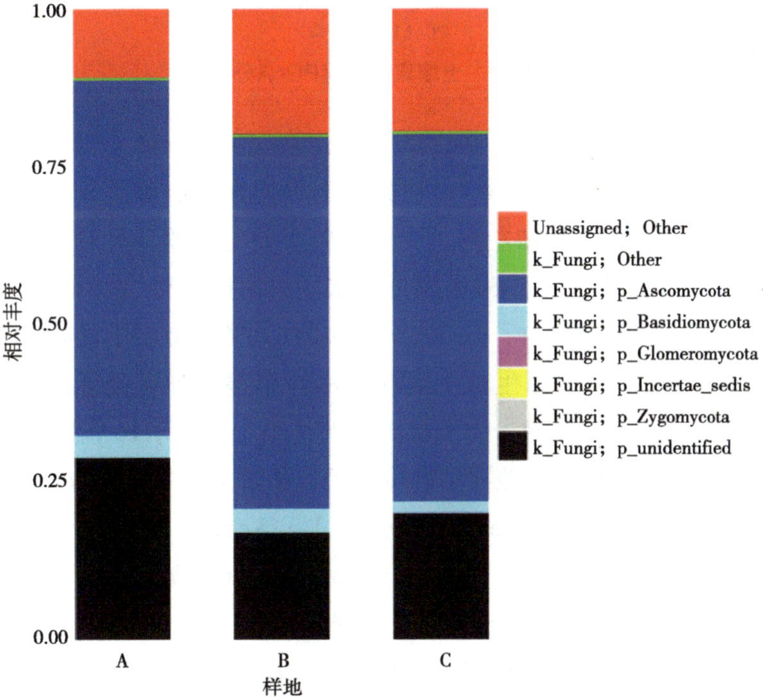

图9-1　土壤真菌门分类水平下的相对丰度

9.2.3　不同干扰程度的土壤真菌群落差异性比较

选取土壤真菌群落属分类水平的前100个菌群作主坐标分析（PCoA）进行相似性检验（图9-2），结果表明干扰程度对土壤真菌群落影响较为显著。

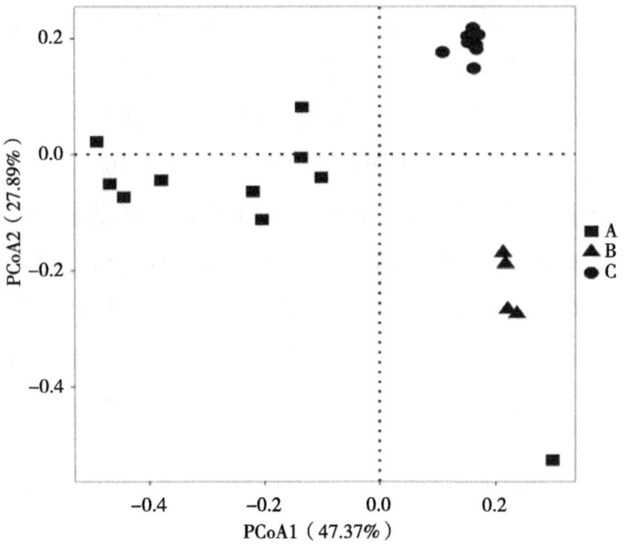

图9-2　土壤真菌群落PCoA分析

两个主坐标轴共解释了变异的75.26%，第一主轴解释了变异的47.37%，第二主轴解释了变异的27.89%。3种类型土壤的真菌群落差异显著，受较大干扰的耕地土壤主要分布在左侧，受干扰较小的定期砍伐林和原生林土壤分布在右侧，且相距较远。对361个属分类水平的菌群进行LEfSe差异性分析，将阈值设为4的线性判别分析（LDA），共展示了3种类型下的49种差异菌群（图9-3）。未受干扰的原生林土壤共显示27个差异种，受干扰较小的定期砍伐林土壤显示12个差异种，受干扰较大的耕地土壤显示10个差异种。

未受干扰的原生林土壤差异菌群按其差异影响大小依次为Sordariomycetes（粪壳菌纲）、Nectriaceae（丛赤壳科）、Sordariales（粪壳菌目）、Chaetomiaceae（毛壳菌科）、Eurotiomycetes（散囊菌纲）、Eurotiales（散囊菌目）、Trichocomaceae（发菌科）、Ascomycota（子囊菌门）、Plectosphaerellaceae（小不整球壳菌科）、*Plectosphaerella*（小不整球壳菌属）、未分类菌群、*Penicillium*（青霉菌属）、*Trichoderma*（木霉属）、*Stachybotrys*（葡萄穗霉属）、*Chaetomium*（毛壳菌属）、Montagnulaceae（格孢菌目下一分类水平物种——科）、*Paraconiothyrium*（拟盾壳霉属）。

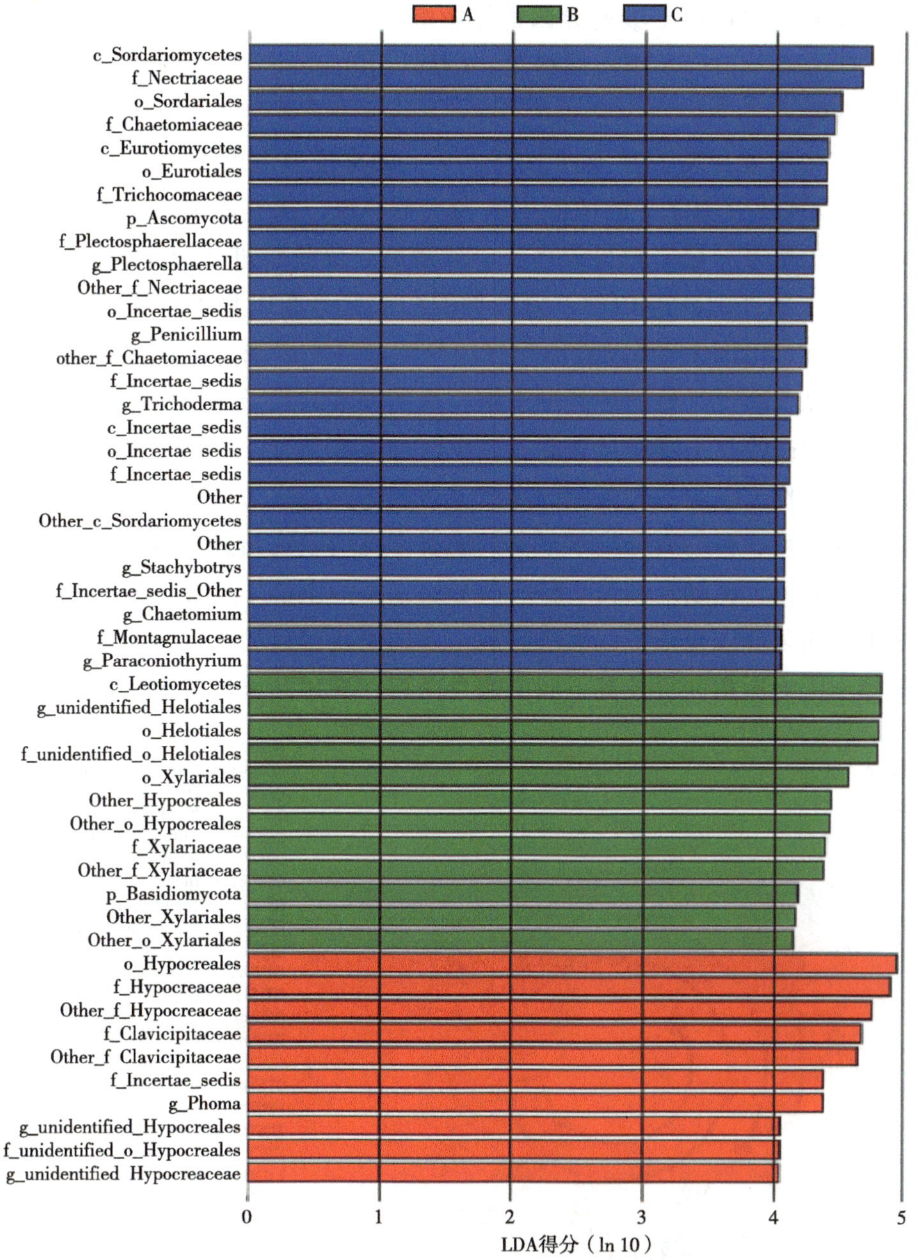

图9–3 不同干扰程度下的土壤真菌群落LDA分析

受干扰较小的竹林土壤差异菌群按影响大小依次为Leotiomycetes（锤舌菌纲）、Helotiales（柔膜菌目）、Xylariales（炭角菌目）、Hypocreales（肉座菌目）、Xylariaceae（炭角菌科）、Basidiomycota（担子菌门）；受干扰程度较大的耕地土壤差异菌群按影响大小依次为Hypocreales（肉座菌目）、Hypocreaceae（肉座菌科）、Clavicipitaceae（麦角菌科）、*Phoma*（茎点霉属）。

对该49种差异菌群在不同分类水平上的丰度显著性差异进行比较（图9-4），发现各分类水平的菌群丰度表现不一致，从整体来看，以未受干扰的原生林土壤差异菌群数量最多、丰度最高。该物种进化树是将3种不同干扰程度的土壤真菌群落49种差异菌群的构成及分布以物种分类树的形式在环图中呈现，由图9-4可以看出，在门分类水平上以未受干扰土壤的子囊菌门的丰度显著高于其他两种类型土壤，真菌群落的担子菌门的丰度在受干扰较小的定期砍伐林土壤中显著高于其他两种土壤类型；在纲分类水平上的菌群以未受干扰土壤的粪壳菌纲的丰度显著较高，其次为散囊菌纲和未确定分类菌群及其目、科、属分类水平下的菌群丰度均表现出显著较高的水平，间伐林土壤的锤舌菌纲及其目、科、属分类水平的菌群丰度显著较高；在目分类水平上的菌群以受干扰较大的耕地土壤的肉座菌目的丰度显著较高，定期砍伐林土壤的炭角菌目及其下属的炭角菌科、炭角菌属均表现出显著高于其

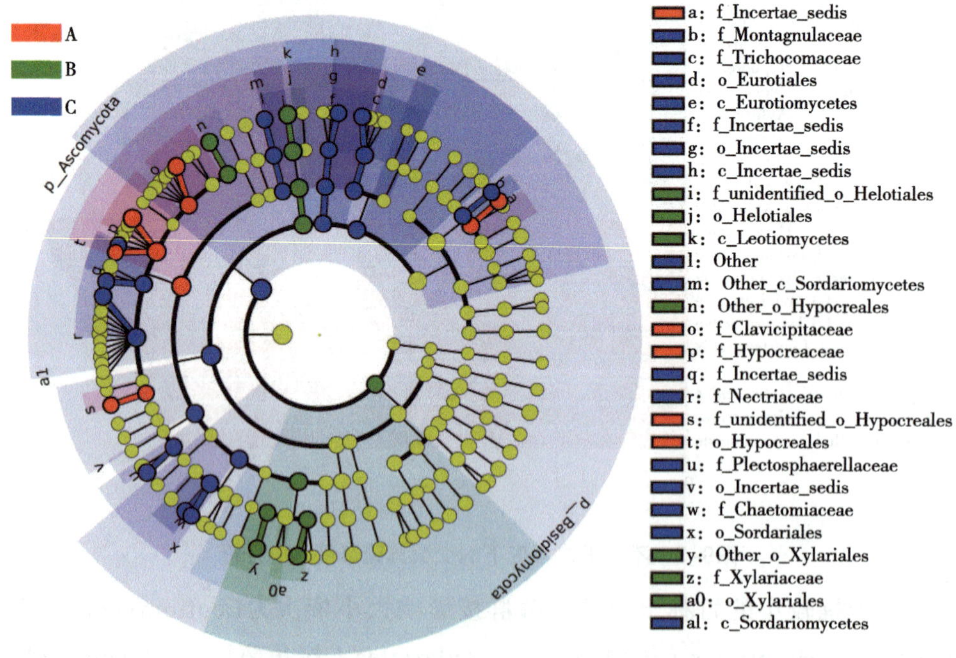

图9-4　不同干扰程度下的土壤真菌群落分布

他两种土壤，未受干扰的原生林土壤的粪壳菌目及其下属的毛壳菌科和小不整球壳菌属、其他真菌的粪壳菌纲及其下属的其他菌群、散囊菌目及其下属的发菌科的丰度均显著较高；在科分类水平上的菌群以干扰较大的耕地土壤的肉座菌科、麦角菌科、未分类真菌的肉座菌目及其属分类水平菌群以及未明确分类水平的菌群均显著高于其他两种土壤类型，定期砍伐林土壤的其他真菌的肉座菌目以及其他分类下的炭角菌目显著较高，原生林土壤的未明确分类水平菌种、丛赤壳科、Plectosphaerellaceae以及毛壳菌科的丰度均显著较高。

9.3 干扰对土壤真菌群落的影响

9.3.1 干扰程度对土壤真菌群落多样性的影响

本研究中3种不同干扰程度土壤的真菌群落多样性表现较为一致，均以定期砍伐林土壤物种多样性最高，其次为原生林土壤，耕地土壤真菌群落多样性相对较低。土壤微生物群落多样性受植被类型、气候条件、土壤类型及干扰程度的影响较为显著，其本质因素在于土壤微生物生长与土壤有机质含量及养分组成的关系等，因此，土壤微生物对环境条件的改变反应较为灵敏，其多样性变化也为土壤环境的变化做出指示作用。Chao1指数和观察物种指数在生态学中是用来估计菌群丰富度和生物物种总数的常用指数，本研究中从Chao1指数和观察物种指数来看，喀斯特地区不同干扰程度下土壤真菌种类丰富，其菌群丰富度和物种总数均显著高于大兴安岭兴安落叶松林表层土壤真菌群落（Chao1指数为113.1～222.1，观察物种指数为121.1～224.9）、山东省高桥林场杨树人工林（Chao1指数为317.1～424.6，观察物种指数为306.5～413.3）（杨立宾 等，2017；汪其同 等，2017），土壤真菌群落菌群丰富度和物种数的显著差异可能是由于大兴安岭落叶松林及山东省杨树人工林样地所处纬度位置相对本研究喀斯特区样地位置较高，年均气温（-4℃和8℃）均低于本研究区（15℃），年降水量（458.3 mm和429.6 mm）均低于本研究区（1 389.1 mm），喀斯特区植被类型多样，凋落物种类繁多，用于补给土壤养分的来源较为充足，而大兴安岭落叶松和杨树人工林样地的植被类型较为单一，养分来源相对不足，本研究样地为土壤微生物的生长与繁殖提供了更为适宜的环境，因此，表现出更高的菌群丰富度和物种总数。

土壤微生物丰富度和物种数量反映了土壤质量和肥力（吴永胜 等，2010），大量研究对不同人类干扰程度土壤微生物群落多样性的分析发现，强烈的干扰活动加剧了土壤质量恶化，导致微生物丰富度和多样性的迅速减少。李梓正等（2010）对不同退化程度的草原土壤细菌多样性进行分析发现，植被生长旺盛时期的细菌种类较为丰富，且优势种群较为稳定。张永生等（2010）对不同放牧强度的土壤细菌群落多样性的分析发现，重度放牧导致土壤质量下降，细菌多样性减少。李刚等（2011）对不同针茅草原土壤真菌群落多样性的分析发现，克氏针茅草原土壤真菌群落多样性最高。盛海彦等（2008）对灌丛草甸土壤微生物的研究发现，放牧强度的增加使土壤真菌物种数量逐渐减少；而邵玉琴等（2011）、王鑫朝等（2017）发现随着放牧强度的增加，土壤真菌群落多样性呈先升高后下降的趋势，与本研究中喀斯特区土壤真菌多样性随干扰程度的增加呈先升高后减少的趋势较为一致，很可能是由于轻度的干扰使土壤结构相对疏松，植被根系增加，养分来源竞争相对较小，为真菌的繁殖提供了更适合的环境，随着干扰程度的增加，地上植被类型改变，土壤环境受到破坏，养分来源减少，使真菌群落丰富度和物种总数都显著降低。从本研究的真菌群落丰富度和物种数可以看出，干扰对真菌群落多样性的影响较大，而轻度干扰则会促进土壤真菌群落的丰富度。

9.3.2 干扰程度对土壤真菌群落结构的影响

对3种不同干扰程度的土壤真菌群落分析发现，Ascomycota（子囊菌门）占真菌类群的大半（48.1%～73.2%），其次是Basidiomycota（担子菌门）占1.31%～6.44%，Zygomycota（接合菌门）和Glomeromycota（球囊菌门）丰度非常小，不足所有类群的0.1%，而Unidentified（未分类类群）、未分类真菌类群占菌群总量的比例较大，为37.3%～40.1%。子囊菌门在受较小干扰的定期砍伐林土壤中表现出较高的丰度，随着干扰程度的增加，在受较大干扰的耕地土壤表现出较小的丰度，与群落物种总数表现一致。子囊菌门真菌多为腐生菌，可降解土壤有机质，且具有较快的进化速率（王海英 等，2010），但在3种不同干扰程度土壤中的丰度相差不大，而担子菌门在耕地和定期砍伐林土壤中的丰度显著高于未受干扰的原生林土壤，表明随着干扰程度的增加，其丰度呈逐渐增加的趋势，担子菌门群落对土壤环境的变化更为敏感。

通过主坐标分析和LEfSe分析发现，干扰程度对真菌群落具有显著影响，干扰程度不同其差异菌群表现不同，原生林土壤中差异菌群共表现出27个、定期砍伐林土壤表现出12个，耕地土壤表现出10个，表明随着干扰程度的增加，土壤真菌差异菌群数量逐渐减少。未受干扰的原生林土壤差异菌群以丛赤壳属、毛壳菌属、粪壳菌属和青霉菌属为主，有研究表明丛赤壳属与土壤速效磷显著相关（$P < 0.05$），毛壳菌属和青霉菌属通过菌丝对纤维素有较强的分解作用（王艳云 等，2016），粪壳菌是一种寄生于动物粪便的真菌，对动物粪便进行降解，使养分再循环（赵雪琴 等，2013），表明原生林植被类型相对丰富多样，地上和地下生物较多，从而增加土壤养分，使土壤真菌以分解纤维素和生物粪便的群落为主要区别于其他类群的差异菌群；受干扰程度较小的定期砍伐林土壤差异菌群以炭角菌目、锤舌菌纲和柔膜菌目为主要差异种，炭角菌目在我国海南省、贵州省、广西壮族自治区等地发现较多（Zhu and Guo，2011），多存在于蚁穴旁，这也是同大兴安岭、山东省杨树人工林等土壤差异菌群相比较为显著不同的菌种，锤舌菌纲的柔膜菌目真菌多数发现于杜鹃花根系，主要对植被残体进行分解，表明在受人为干扰较小的定期砍伐林植被类型多为杜鹃花科植物；受干扰程度较大的耕地土壤差异菌群以肉座菌目、麦角菌科为主要差异种，这与耕地多禾草植株有关，子囊菌门核菌纲肉座菌目麦角菌科多属于禾草内生真菌，其主要寄居于禾草细胞间隙，促进禾草生长，增强禾草抗逆性，达到互惠共生的关系（Li et al.，2007；杨鼎元，2016）。

大量研究表明土壤真菌群落与土壤水分、pH值、速效磷、速效钾、有机质等的关系较为紧密（薄国栋 等，2016；王鑫朝 等，2017；Donnison et al.，2000），有研究表明随着植被种类数量的增加，土壤细菌、放线菌的磷脂脂肪酸含量降低，而真菌呈上升趋势，且真菌群落多样性和物种数随植被类型的增加而增加，主要是地上植被产生的凋落物作为土壤微生物养分来源以及不同地下根系环境导致的土壤微生物群落及组成的差异，同时干扰引起的植被结构和土壤环境的变化导致的微生物群落的不同反过来也会影响植被的生长发育（Grayst et al.，1998；Kaiser et al.，2001）。

耕地与原生林相比，土壤有机质的净固存率显著较低（Murty et al.，2002），龙健等（2002）对喀斯特区森林受不同程度的干扰研究发现，干扰强度尤其是耕种活动显著增加了土壤容重，降低了土壤养分含量。耕地土壤对微生物群落多样性和物种总数的影响主要是由于杀菌剂、除草剂等的使用，研究表明，对森林和农业土壤使用杀菌剂和除草剂，会导致土壤细菌和真菌群落结构改变，代谢能力受到影响，多样性减少（Sigler and Turco，2002）；而不同耕作措施和休耕、残茬的处理有利于提高表层土壤有机碳和氮的含量，但微生物群落结构与未受干扰的原生林及连耕土壤均表现不同（Feng et al.，2003；Spedding et al.，2004）。主要是由于长期连耕增大了作物对土壤微生物选择的压力，降低其多样性，外源化学物质的加入也对微生物群落结构产生不利影响，因此合理的人为管理和耕种活动对土壤微生物群落具有重要影响。

干扰强度的增加破坏了土壤水稳性团聚体，加剧土壤有机质矿化，尤其是在耕地上的人为耕作活动，使喀斯特区土壤有机质含量明显降低，进而影响土壤抗水性和储水性，加剧生境干旱（李阳兵，2007），导致真菌群落多样性降低、指示种差异显著。适当的干扰可以改善土壤结构，增强土壤对外界环境的抵抗力，而过度干扰则导致土壤质量下降甚至退化（孔祥斌 等，2005；廖洪凯 等，2012）。合理的干扰不仅可以提高喀斯特区土壤肥力、增加土壤多样性和物种总数，对喀斯特区土壤质量的评价与预测也具有重要的现实意义。

9.4 小结

干扰对土壤真菌群落组成和结构具有显著影响，较小程度的干扰引起喀斯特区土壤真菌群落结构改变，多样性升高，而较大程度的干扰导致真菌群落多样性降低，土壤肥力下降。因此，合理的干扰程度可以促进土壤微生物多样性、提高物种总数。

通过测序，3种受不同干扰程度的土壤中共获得4门11纲55目145科361属土壤真菌类群。在门分类水平上分为4个主要类群，包括Ascomycota（子囊菌门）、Basidiomycota（担子菌门）、Zygomycota（接合菌门）和

Glomeromycota（球囊菌门）。在属分类水平上，3种土壤的差异菌群表现不同，原生林表现出27种差异种，主要属于Sordariomycetes（粪壳菌纲）、Sordariales（粪壳菌目）、Chaetomiaceae（毛壳菌科）、*Penicillium*（青霉菌属）和*Nectriaceae*（丛赤壳属）；定期砍伐林土壤表现出12种差异种，主要属于Leotiomycetes（锤舌菌纲）、Helotiales（柔膜菌目）和Xylariales（炭角菌目）；耕地土壤表现出10种差异种，主要属于Hypocreales（肉座菌目）和Clavicipitaceae（麦角菌科）。

10 不同植被类型土壤微生物群落结构特征

土壤微生物对植被类型、植被覆盖度、土壤肥力等变化较为敏感，主要由于土壤微生物直接参与并促进整个森林生态系统的物质循环和能量转化，因此能够有效反映植被系统的变化趋势，为凋落物—土壤系统功能的变化做出预警提示（韩玉竹 等，2011）。土壤微生物主要分为细菌、真菌、放线菌三大类群，土壤微生物总磷脂脂肪酸（PLFA）的贡献率均表现出细菌＞真菌＞放线菌，细菌在数量上占主导地位，对土壤碳、氮元素的循环具有重要作用（Bardgett et al.，2008），真菌对木质化纤维成分的分解作用尤为重要（甄莉娜 等，2012）。传统的微生物培养方法较难全面真实地反映微生物结构和功能，因此，采用物理、化学方法磷脂脂肪酸及分子生物学方法（高通量测序技术）能够较为准确和完整地在分类学上对微生物进行鉴定，系统全面地测定和分析土壤微生物的群落多样性和结构特征。因此，本章节使用磷脂脂肪酸分析法对茂兰喀斯特区不同植被恢复类型的土壤理化性质、微生物群落组成进行测定，分析土壤微生物群落结构、土壤微生物对地上植被恢复类型的响应及其与土壤理化性质之间的关系。由于地上植被类型、地下土壤深度等对土壤微生物群落具有显著影响，细菌和真菌群落对土壤质量的变化较为敏感，可为今后对喀斯特森林生态系统稳定性和可持续性发展的预测提供一定的数据支持。

10.1 样地概况与土壤微生物磷脂脂肪酸测定

10.1.1 样品采集

于2017年2月，在茂兰喀斯特地区选取典型次生林、人工林、灌丛、荒草地，分别选择立地条件相似地点作为样点，记录样地坡度、坡向、海拔及经纬度等信息，用于研究不同植被恢复对土壤理化性质和微生物性质的影响，样地信息如表10-1所示。

表10-1 不同植被类型样地概况

恢复阶段	地理位置	坡度/°	郁闭度/%	海拔/m
原生林（NF）	N25°12′48″ E108°1′54″	10～20	93	730
次生林（SF）	N25°14′57″ E108°0′32″	15～20	85	745
人工林（PF）	N25°10′34″ E108°0′29″	20～25	85	720
灌丛（SL）	N25°13′13″ E108°0′51″	20～25	75	708
荒草地（GL）	N25°12′53″ E108°0′47″	10～15	50	720

10.1.2 土壤理化性质和微生物性质的测定方法

参考Frostegard等（1996）采用的磷脂脂肪酸（PLFA）分析法，主要过程分为土壤浸提、分离、提纯、萃取磷脂、酯化形成脂肪酸甲酯。利用气相色谱仪（Agilent 6890N，美国）结合MIDI微生物识别系统（MIDI，Inc.，Newark，DE）进行鉴定。异构（*iso*）和前异构（*anteiso*）甲基支链脂肪酸（i14：0、i15：0、i16：0、i17：0、a15：0、a17：0）指示革兰氏阳性细菌（Gram-positive bacteria，GP），单一不饱和脂肪酸和环丙烷脂肪酸指示革兰氏阴性细菌（Gram-negativebacteria，GN）（16：1ω9c、16：1ω7c、18：1ω7c、18：1ω5c、cy17：0、cy19：0），18：1ω9c和18：2ω6c、18：2ω9c指示真菌（Fungi），16：1ω5c指示丛枝菌根真菌（Arbuscular mycorrhizae fungi，AMF），10Me-16：0、10Me-17：0、10Me-18：0指示放线菌（Actinomycetes，ACT）（表10-2）。

表10-2 土壤微生物特征磷脂脂肪酸分类

微生物群落	特征磷脂脂肪酸
放线菌	10Me-16：0、10Me-17：0、10Me-18：0
真菌	16：1ω5c、18：1ω9c、18：2ω6c、18：2ω9c
细菌	i14：0、i15：0、a15：0、i16：0、i17：0、a17：0、16：1ω7、16：1ω9c、18：1ω5c、18：1ω7c、cy17：0、cy19：0
真菌与细菌比值	（18：1ω9c+18：2ω6c+18：2ω9c）/（i14：0+i15：0+a15：0+i16：0+i17：0+a17：0+cy17：0+cy19：0+16：1ω7c+16：1ω9c+18：1ω5c+18：1ω7c）

10.1.3 数据处理

实验数据运用SPSS 18.0软件进行处理，差异显著性检验（$P<0.05$）采用One-way ANOVA和LSD法，相关性分析用Spearman分析法，相关图用Origin 8.5软件进行绘制；运用Canoco 5对土壤理化性质和土壤微生物群落结构进行主坐标分析（PCoA）和冗余分析（RDA），对受不同干扰程度的土壤真菌群落进行主坐标分析（PCoA）。

10.2 土壤理化性质及微生物群落特征

10.2.1 不同植被类型的土壤理化性质

不同植被类型的土壤理化性质如表10-3所示。原生林土壤理化性质显著高于其他植被类型（$P<0.05$），且土壤全碳（TC）、全氮（TN）含量以及土壤水分均表现出表层高于10～20 cm土层。原生林土壤全碳含量分别是荒草地、灌丛和人工林的3.91倍、2.75倍、1.93倍，土壤全氮含量具有相似的变化，增加1.56～4.11倍。在10～20 cm土层，荒草地、灌丛、次生林和人工林的土壤全碳和全氮含量均显著低于原生林（$P<0.05$）。原生林和荒草地两种土壤深度的C/N约为灌丛的1.56倍（$P<0.05$），在同一土层的次生林土壤中全磷（TP）含量低于灌丛、人工林、荒草地和原生林的深度（$P<0.05$），植被类型由荒草地和灌丛到次生林和人工林的土壤pH值呈逐渐增加的趋势，且在原生林两种土层中表现出最高值。

表10-3 不同植被类型在0～10 cm和10～20 cm土层的理化性质特征

类型	深度/cm	TC/%	TN/%	C/N	TP/（g/kg）	pH值	土壤水分含量（SWC）/%
GL	0～10	2.18 ± 0.21a	0.23 ± 0.02a	9.66 ± 0.19c	0.85 ± 0.01c	6.04 ± 0.03ab	23.8 ± 0.74a
	10～20	1.68 ± 0.04a	0.18 ± 0.01a	9.12 ± 0.26d	0.86 ± 0.11c	6.22 ± 0.09b	19.7 ± 0.69a
SL	0～10	2.85 ± 0.27ab	0.45 ± 0.03b	6.35 ± 0.20a	0.45 ± 0.04ab	5.75 ± 0.40a	26.3 ± 0.32b
	10～20	2.16 ± 0.03a	0.38 ± 0.01a	5.69 ± 0.03a	0.41 ± 0.07a	5.44 ± 0.56a	24.2 ± 0.86c

（续表）

类型	深度/cm	TC/%	TN/%	C/N	TP/（g/kg）	pH值	土壤水分含量（SWC）/%
SF	0～10	2.76±0.19ab	0.30±0.02ab	9.29±0.10bc	0.41±0.01a	6.27±0.16bc	27.3±0.58c
	10～20	1.56±0.16a	0.21±0.02a	7.42±0.69b	0.31±0.03a	6.82±0.22b	20.6±0.16b
PF	0～10	3.65±0.41b	0.45±0.07b	8.09±0.53b	0.74±0.09bc	6.53±0.01c	31.1±0.27d
	10～20	2.03±0.22a	0.24±0.02a	8.46±0.28c	0.64±0.05b	6.29±0.07b	25.6±0.51c
NF	0～10	10.7±0.67c	1.15±0.22c	9.46±1.44c	1.70±0.37d	7.28±0.04d	38.7±0.44e
	10～20	7.74±1.94b	0.83±0.24b	9.37±0.53d	2.20±0.07d	7.46±0.02c	31.8±0.86d

注：数值均为平均数±标准误；不同小写字母表示5种植被恢复类型下同一土层之间的差异显著（$P<0.05$）。

10.2.2 土壤微生物群落空间分布特征

土壤微生物总磷脂脂肪酸含量在原生林两种土层中表现最高（图10-1A和图10-1B）。人工林与灌丛相比，土壤微生物生物量随土层深度和植被演替的变化较显著。此外，细菌和真菌群落的丰度也受植被演替和土壤深度的影响。GP的相对丰度在两个土层中表现为荒草地最高（19.1 mol%和20.1 mol%），其次为次生林（18.1 mol%和19.4 mol%）以及原生林（15.1 mol%和17.9 mol%），分别如图10-1C和图10-1D所示。同时，GP与GN的比值随植被类型而显著下降，0～10 cm和10～20 cm土层GP与GN比值从荒草地土壤的0.44和0.54分别增加至原生林类型土壤的0.71和0.87。

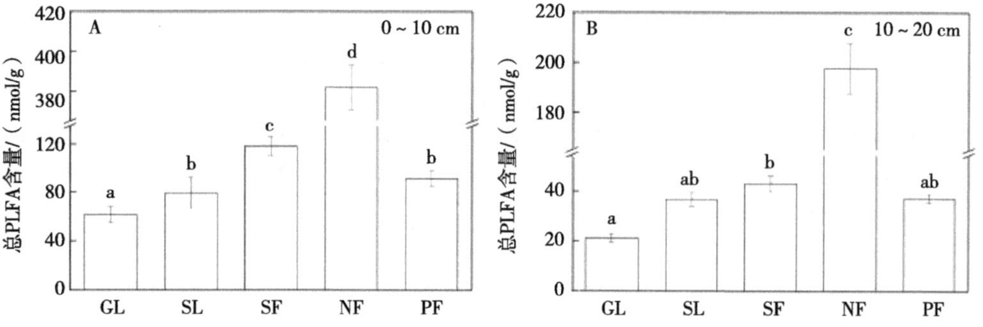

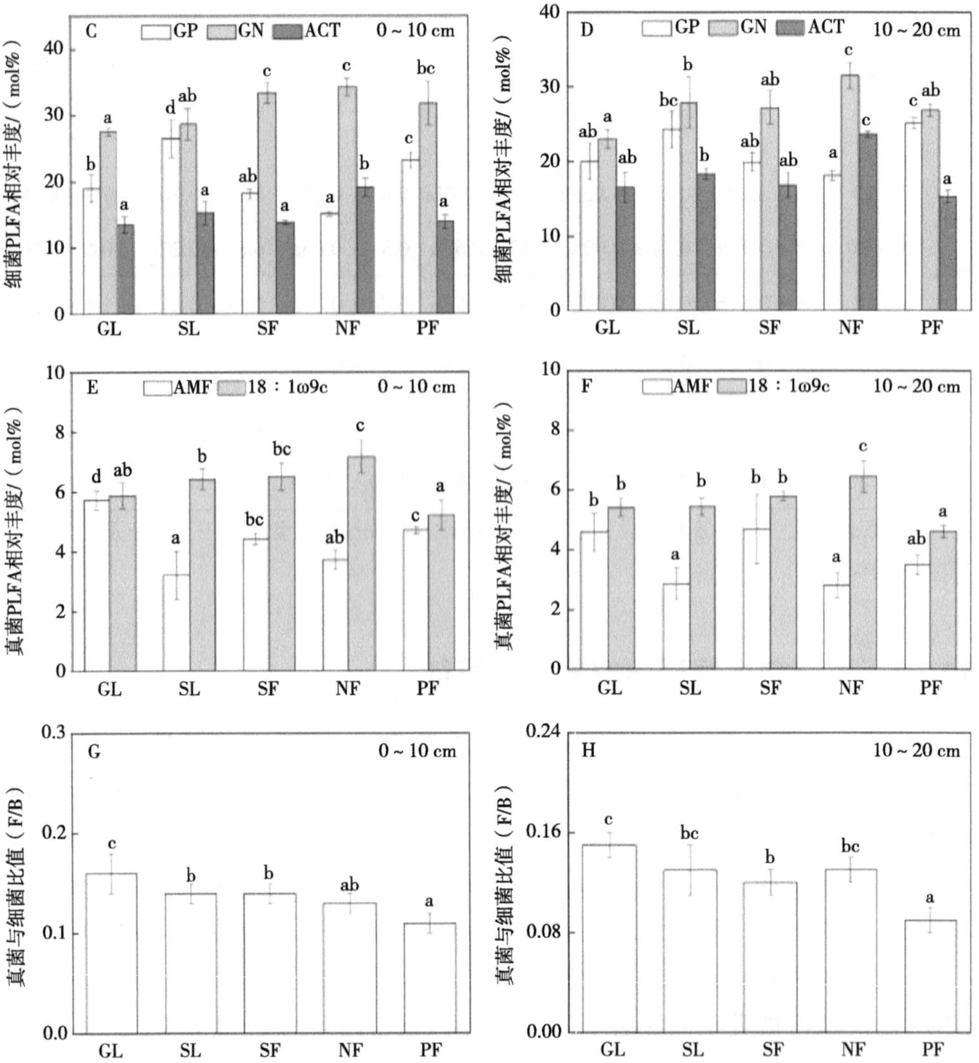

图10-1　不同植被类型在0～10 cm和10～20 cm土层的微生物PLFA变化特征

注：A，B分别为不同植被类型在0～10 cm和10～20 cm土层中总PLFA含量；C，D分别为不同植被类型在0～10 cm和10～20 cm土层细菌PLFA含量；E，F分别为不同植被类型在0～10 cm和10～20 cm土层真菌PLFA含量；G，H分别为不同植被类型在0～10 cm和10～20 cm土层真菌与细菌比值；GP，革兰氏阳性菌；GN，革兰氏阴性菌；ACT，放线菌；AMF，丛枝菌根真菌。数据均为平均值±标准误；不同小写字母表示不同恢复阶段在同一土层的微生物磷脂脂肪酸差异显著（$P<0.05$）。

AMF的相对丰度以荒草地土壤最高，次生林和人工林次之，灌丛和原生林最低（图10-1E、图10-1F）。对于F/B，随植被演替显著降低，在0～10 cm土层从荒草地的0.16降低至原生林土壤的0.11，变化差异显著（图10-1G）。然而，原生林阶段的10～20 cm土层的F/B高于人工林土壤，并与灌丛土壤差异不显著（图10-1H）。

10.2.3 土壤微生物群落与理化性质间的关系

Spearman相关分析表明，除各植被恢复类型土壤的C/N在0～10 cm土层表现不显著外，其他土壤理化性质与土壤微生物总磷脂脂肪酸含量及群落结构呈显著正相关关系（$P<0.01$）。GP的丰度与土壤理化性质呈显著负相关（$P<0.01$）。18：1ω9c和AMF的丰度与土壤全氮和全碳含量呈负相关，在10～20 cm土层的土壤全氮和总PLFA含量、GP丰度以及18：1ω9c和AMF呈显著正相关关系。为了进一步评估土壤微生物群落结构与理化性质之间的关系，将二者进行主坐标分析（PCoA）和冗余分析（RDA）（图10-2、图10-3）。由PCoA分析可以看出，5种植被恢复类型的土壤微生物群落结构差异较大（图10-2A、图10-2B）。对PCoA1（*X*轴）和PCoA2（*Y*轴）共同解释了土壤微生物结构的差异（70.2%），其中PCoA1解释了变异的40.5%，PCoA2解释了变异的29.7%。在PCoA1轴，不同植被类型分离较为明显（图10-2A），自左向右的植被类型符合喀斯特森林生态系统植被的正向恢

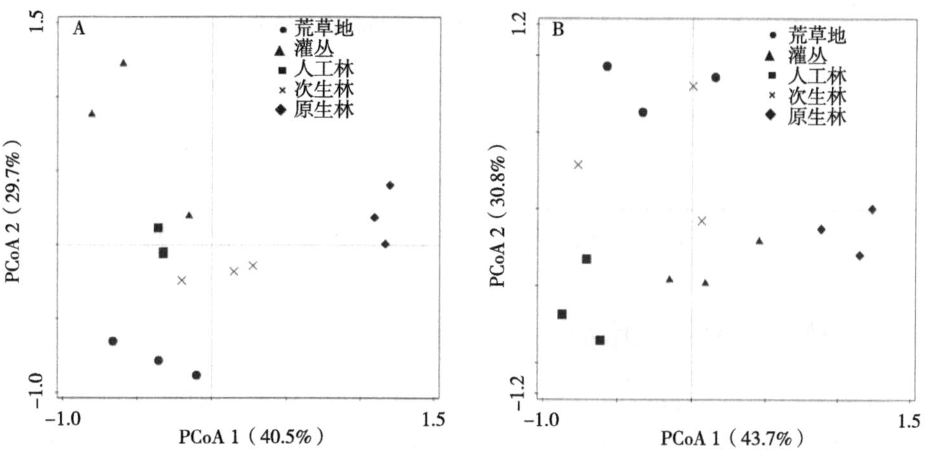

图10-2 基于Bray-Curtis距离的微生物群落结构主坐标分析

注：A为0～10 cm土壤，B为10～20 cm土壤。

复过程。在10～20 cm土层，PCoA1和PCoA2共同解释了变异的74.5%。原生林分布在PCoA1轴的左边，和其他阶段的分布差异不显著。可以将PCoA1认为可能是由于喀斯特森林生态系统的人为干扰程度。

RDA表明土壤微生物群落结构与土壤理化性质之间的关系显著，尤其是土壤全碳和全氮含量（图10-3），0～10 cm土层的冗余分析共同解释了关系的76.3%（RD1 61.9%和RD2 14.4%）和10～20 cm土层的冗余分析解释了相互关系的66.3%（RD1 50.7%和RD2 15.6%）。土壤全碳和全氮含量主要与放线菌特征磷脂脂肪酸10Me-16：0和革兰氏阴性菌特征磷脂脂肪酸cy19：0相关性较为显著，而pH值与丛枝菌根真菌特征磷脂脂肪酸16：1ω9c关系显著。

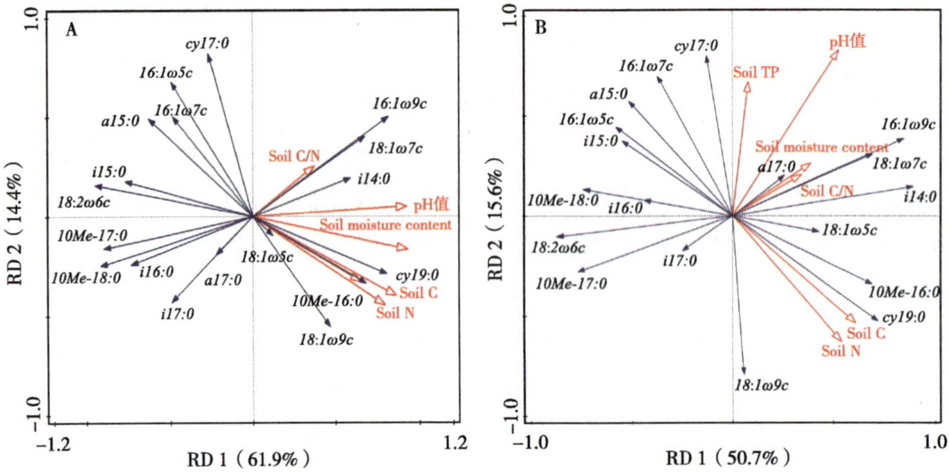

图10-3　土壤理化性质与微生物特征磷脂脂肪酸组分的冗余分析

注：A为0～10 cm土壤；B为10～20 cm土壤；Soil C为土壤碳含量；Soil N为土壤氮含量；Soil C/N为土壤碳氮比；TP为土壤全磷含量；Soil moisture content为土壤水分含量。

10.3　植被类型及土壤理化性质对微生物群落的影响

10.3.1　植被类型对土壤微生物群落结构的影响

本研究以同种岩石母质发育而来的土壤为研究样地，消除了茂兰喀斯特区植被演替过程中土壤质地对土壤微生物群落的影响。植被恢复过程中的土壤养分和各样地小生境类型的差异较大。这些差异主要是由于植被类型多样性引起的，植被类型多样导致植被生产力和土壤微环境形成差异。本研究中的灌丛土壤pH值为5.44，原生林为7.46（表10-3），pH值随植被类型的恢复而增加的趋势与Zhang等（2015）的结果表现一致，在Tian等（2017）的研究中发现了相反的趋势。荒草地土壤的全磷含量异常高于灌丛、次生林和人工林，这很可能是由于荒草地与农田较为接近，有些人为施用于庄稼的肥料在雨水的冲刷下被带到了荒草地，因此导致荒草地土壤全磷含量异常升高。

随着荒草地、灌丛和次生林向原生林恢复的变化，土壤全碳和全氮含量逐渐升高。结果表明，随着植被恢复，植物生产力和凋落物量的增加会导致土壤有机质输入增加，凋落物分解速率增加（Cheng and An，2015；Kim，2016），同时喀斯特生态系统土壤持水能力得到提高（表10-3）。这一结果与Mackay等（2016）的结论相似，由于喀斯特森林生态系统植被生长密度和物种多样性的增加，土壤全碳含量的增加与植物高生产力和土壤高含水量相关。在本研究中原生林0～20 cm土壤的全碳平均含量（9.31%）、全氮平均含量（0.99%）、全磷平均含量（1.95 g/kg）明显高于黄土高原白杨林土壤（8.6%、0.79%、0.65 g/kg）以及亚热带地区的主要地带植被类型土壤（2.98%、0.21%、0.24 g/kg）（Gao et al.，2013；Xu et al.，2017）。主要是由于茂兰喀斯特森林植被密集，温热潮湿的气候条件适宜土壤微生物生长（Briedis et al.，2012；Liao et al.，2015），以及土壤钙元素浓度较大有利于土壤大团聚体的物理保护（团聚体直径大于1 mm）（Liao et al.，2015）。但0～20 cm土层的全碳、全氮及全磷的平均含量均低于吴鹏等（2012）对喀斯特区的研究，表明喀斯特山地生态系统类型复杂多样，土壤岩石裸露率高、植被群落和微环境的差异对土壤养分的影响显著不同。此外，本研究中灌丛0～20 cm土层的C/N均值（6.1）显著低于其他阶段（8.9～9.41），显著低于三都庆自然保护区的植被演替过程中的各类型的土壤（12.9～14.6）（Xue et al.，2017）。结果表明，喀斯特生态系统中土壤养分受到氮元素缺乏的限制，C_3植物的增加能增加森林生态系统中土壤碳和氮的积累（Wu et al.，2012）。

10.3.2　土壤理化性质对土壤微生物群落的影响

土壤微生物生物量、群落结构以及土壤微生物多样性作为土壤生态系统状态指标已被广泛研究（Yoshitake et al.，2013），在本研究中这些指标变化的主要因素是植被恢复类型的变化。原生林两种土层的土壤微生物量均显著高于次生林、灌丛、人工林和荒草地（图10-1）。这种现象可能归因于植被恢复过程中植被物种多样性的增加，植物通过凋落大量凋落物和枯死根来维持土壤微生物群落结构。土壤有机质作为微生物的食物来源，促进土壤团聚体的形成和土壤养分的积累，特别是在表层土壤中。大量研究证实，凋落物输入对表层土壤微生物群落的影响比深层土壤更大（Zhou et al.，2007；Liu et al.，2012）。因此，茂兰喀斯特区表层土壤微生物总PLFA含量受地上植被类型影响较深层土壤更显著。

土壤微生物群落丰度表明，土壤细菌和真菌群落结构随植被恢复类型和土层深度的变化而发生了显著变化。在本研究中，从荒草地到原生林的各个土层中均发现GP丰度呈下降趋势，GN丰度呈上升趋势，但ACT丰度变化不显著。这种现象说明植被的恢复过程提供了更多的凋落物，这些凋落物通常被视为能被土壤微生物优先利用的碳源和氮源（Kramer and Gleixner，2006）。碳氮来源丰富，加速了GN的繁殖，使土壤微生物向积累有机物质的群落结构类型进行转换。随着土层深度的增加，GP和GN的相对丰度表现出差异不显著的下降趋势，但在各植被恢复类型土壤ACT的丰度（图10-1c、图10-1d）中观察到放线菌相对含量显著增加了10.1%～23.6%。对放线菌自身生理特性而言，能够在深层土壤中产生靶向更复杂和难分解的聚合物，从而使土壤中的顽固性碳增加（Pankratov et al.，2006；Edwards et al.，2010）。本研究中，荒草地土壤AMF的丰度相对原生林较高。可能由于荒草地植被对土壤真菌群落的协同作用是通过植被多样性引起的（Wardle and Nicholson，1996），主要是受植物根际AMF活性的影响。真菌特征磷脂脂肪酸18：1ω9c和F/B的最低值都在人工林土壤中表现，作为真菌群落中占主导地位，而且相较AMF能够对土壤受到的人为干扰更敏感。而且，土壤AMF丰度随着植被类型的丰富、植被多样性的增加而减少。这可能与真菌降解木质纤维素成分复杂的能力有关，与Antoninka等（2011）对雪松河生态系统的研究结果相似。在本研究中，细菌数量的增加和真菌数量的减少导致了真菌与细菌的比值下降。Wan等（2015）在针叶林下的矿质土壤中发现真菌数量相对较多，真菌与细菌的比值较高，这与在荒草地土壤中的研究结果相一致。这些结果证实了土壤真菌群落在分解稳固性基质中的主导作用，而且细菌数量在有效利用底物方面具有很大的竞争力。综上所述，植被恢复类型和土壤深度对喀斯特生态系统土壤细菌和真菌群落结构的影响更为显著。真菌与细菌的比值对土壤扰动较为敏感，特别是在人为耕作加剧和农药使用量增加时比值显著降低。

在所有植被恢复类型中，分别从凋落物的质量、土壤理化条件等方面解释了土壤微生物群落结构与土壤TC、TN、SWC和pH值的变化关系（表10-3）。在陆地土壤类型中，GP相对丰度随着pH值的增加而显著降低，GN表现出与GP和ACT都相反的趋势。ACT和特征磷脂脂肪酸18：1ω9c在土壤表层的聚集效应与从荒草地到原生林恢复类型土壤pH值的逐渐增加（5.59～7.34，表10-2）相关。在其他调查中发现，在pH值为3.30～7.24（Nacke et al.，2011）和3.30～7.37（Zinger et al.，2011）的范围内时，对土壤细菌和真菌群落结构有较强的影响。对北极冻原和高山草原的研究表明，真菌和细菌之间的相互竞争作用导致土壤pH值的变化。此外，土壤pH值和微生物群落之间的相关性可能与土壤水分以及土壤碳组分的可利用性有关（Rousk et al.，2010）。以往的研究表明，土壤含水量与植被演替过程中有机碳的含量呈正相关，而有机碳与pH值变化趋势相一致（Wu et al.，2012）。土壤碳、氮含量随着草原向森林植被的恢复而表现出逐渐升高的趋势，促进微生物新陈代谢并通过增加土壤氨基糖含量改变了细菌和真菌的群落结构（Shao et al.，2017）。土壤C/N的变化对土壤微生物群落结构和植物氮素有效供应具有显著影响，在本研究中土壤微生物的碳氮比没有明显的关系，但是当土壤C/N小于20，真菌和细菌往往受碳元素的限制。喀斯特的环境结构相对较为脆弱，土壤有机碳的分解速度加快，限制了土壤微生物的生长和发育。结果表明，土壤C/N在5.59～9.66范围内（小于20），土壤微生物的生长受到植被恢复过程中土壤碳含量的支配。

10.4 小结

随着植被类型的变化土壤微生物总生物量逐渐增加，同时土壤两种深度的碳、氮含量也随之增加；土壤碳、氮含量的差异是影响不同植被恢复类型中土壤微生物群落分布的重要因素。

革兰氏阳性菌和放线菌是土壤理化性质变化较为敏感的主导微生物群落，放线菌特征磷脂脂肪酸10Me-16：0和革兰氏阴性菌特征磷脂脂肪酸cy19：0与土壤碳、氮含量呈显著正相关关系。土壤微生物群落是反映土壤养分循环和喀斯特森林生态系统可持续发展的敏感指标，未来研究应更关注喀斯特森林生态系统中土壤微生物功能多样性对土壤理化性质的影响。

11 喀斯特森林凋落物分解的微生物影响机制

土壤微生物是陆地生态系统的主要活性组分，在土壤有机质分解、养分循环和生态系统稳定中起着关键作用。在森林生态系统中，凋落物的养分释放是以微小土壤动物和微生物作用为主的凋落物分解过程，在土壤动物、真菌、细菌、放线菌等分解者及各种酶系统的辅助下将复杂的有机化合物分解转化为简单的盐类分子和能被植物吸收的物质，对土壤质量的恢复和提高及森林生态系统的稳定都具有重要作用。本研究以茂兰喀斯特原生林不同坡向的凋落叶为研究对象，探究在为期一年的分解过程中凋落叶的质量损失、养分释放以及土壤微生物群落物的变化特征，分析不同坡向凋落物分解过程中的质量损失、养分释放与微生物群落结构之间的关系，为进一步探讨喀斯特生态系统物质循环机制提供理论支持。

11.1 样地概况与样品测定

11.1.1 样地概况与采样方法

在茂兰喀斯特原生林内分别选择阳坡和阴坡中植被类型相似、立地条件基本一致的样地，每种坡向按照随机布局的原则设置4～6个面积为1 m×1 m、孔径为2 mm的尼龙网兜，四角由PVC管支撑的距地面高约0.3 m的方形凋落物收集器，记录各样地坡度、坡向、海拔及经纬度等信息，用于凋落物凋落动态研究；收集两个坡向样地内的混合凋落物共1 500 g，带回实验室烘干至恒重，分别称取15 g烘干凋落物装于大小为15 cm×15 cm的凋落袋（孔径为1 mm）内，并在5月分别放置在各样地凋落物收集器附近，置于地表凋落物下层，让其自然分解，每个样地放置20个凋落袋，进行凋落袋法凋落物分解实验研究，样地基本信息如表11-1所示。

表11-1　样地基本概况

样地	土壤类型	海拔/m	坡向/°	郁闭度/%	pH值	容重/（g/cm³）	含水量/%
阳坡	棕色石灰土	735	S194	80	7.26b	1.28 ± 0.15a	0.36 ± 0.03b
阴坡	黑色石灰土	730	N11	95	6.86a	1.34 ± 0.16a	0.32 ± 0.05b

注：不同小写字母表示同种指标不同样地的差异显著，$P<0.05$。

11.1.2　样品采集与处理

根据当地水热条件变化特征，将每年的3—5月作为春季，6—8月作为夏季，9—11月作为秋季，12月至第二年2月作为冬季。分别于2016年8月20日、11月25日，2017年2月24日、5月25日将各样地凋落物收集器内的凋落物带回实验室，共收集凋落物5（重复）×2（样地）×4（季节）=40份，称量鲜重后在80℃下烘干至恒重，测量凋落物总干重、各组分（落叶凋落叶、阔叶凋落叶、凋落枝、花果等）干重，并计算凋落物各组分含水量及凋落量占总凋落量的百分比；在各样地内收集凋落物的同时将埋于凋落物下的凋落袋取回，每次每个样地取回5个凋落袋，共取回凋落物40份，带回实验室除去多余树根后用清水快速将多余泥土清洗干净，置于烘箱（65℃，24 h），计算凋落袋内凋落物剩余质量干重及质量损失率，估算分解速率。

每个季节在原生林内收集凋落物的同时，在每个样地的凋落物收集器附近采集土样，按照梅花五点采样法，除去地表凋落物，用环刀（100 cm³）取土壤测定土壤含水量及土壤容重，再取约1 000 g土壤装入密封样品袋内，共采集土壤样品2（样地）×5（重复）×4（季节）=40份，带回实验室，除去枯枝落叶、石子等杂物后，将土壤分为3份，一份置于阴凉处自然风干，用于测定理化性质，一份过2 mm筛后放置在-20℃环境中，用于微生物测定，剩余部分置于4℃冰箱内，用于后期备用。

11.1.3　样品测定

凋落物与土壤样品风干粉碎后分别过0.15 mm和2 mm筛用于测定其理化性质。凋落叶和土壤的全碳（TC）、全氮（TN）及C/N用元素分析仪进行测定，全磷（TP）用硝酸—高氯酸消煮，钼锑抗显色后在700 nm波长下进行比色测定含量。

土壤微生物磷脂脂肪酸（PLFA）参考Frostegard等（1996）分析法，主要过程分为土壤浸提、分离、提纯、萃取磷脂、酯化形成脂肪酸甲酯。利用气相色谱仪（Agilent 6890N，美国）结合MIDI微生物识别系统（MIDI，Inc.，Newark，DE）进行鉴定，异构（*iso*）和前异构（*anteiso*）甲基支链脂肪酸（i14：0、i15：0、i16：0、i17：0、a15：0、a17：0）指示革兰氏阳性细菌（Gram-positive bacteria，GP），单一不饱和脂肪酸和环丙烷脂肪酸指示革兰氏阴性细菌（Gram-negativebacteria，GN）（16：1ω9c、16：1ω7c、18：1ω7c、18：1ω5c、cy17：0、cy19：0），18：1ω9c和18：2ω6c、18：2ω9c指示真菌（Fungi），16：1ω5c指示丛枝菌根真菌（Arbuscular mycorrhizae fungi，AMF），10Me-16：0、10Me-17：0、10Me-18：0指示放线菌（Actinomycetes，ACT）。

11.1.4　数据分析

凋落物营养元素释放率公式：

$$E(\%)=[(e_0-e)/e_0]\times 100$$

式中，E表示一个分解期的凋落物元素释放率（%）；e表示一个分解期后凋落物的养分量（g）；e_0表示凋落物的初始养分量（g）。

试验数据运用Excel 2003和SPSS 18.0软件进行处理，差异显著性检验（$P<0.05$）采用One-way ANOVA和LSD法，相关性分析用Spearman分析法，相关图例用Origin 8.5软件进行绘制；运用Canoco 5对土壤理化性质和土壤微生物群落结构进行主坐标分析（PCoA）和冗余分析（RDA），对受不同干扰程度的土壤真菌群落进行主坐标分析（PCoA）。表中数据均为平均值±标准误。

11.2　凋落物养分释放及微生物群落特征分析

11.2.1　凋落物质量变化

为期一年的凋落物分解过程中的剩余质量变化如图11-1所示，阳坡和阴坡凋落袋内的凋落物剩余质量随着分解时间的增加呈减少的趋势，在整个分解时期内，阳坡凋落袋内的凋落物剩余质量低于阴坡，低0.47～0.88 g。阳坡和阴坡的凋落物均表现出在分解前90天的质量损失最大（4.87～5.34 g），其次是阳坡和阴坡环境下的凋落物在分解90～180天的质量损失分别约为3.38 g和2.97 g，180～360天的分解期间质量损失略低于前期，在为期360天的分解后，阳坡和阴坡凋落袋内的凋落物剩余质量分别为4.11 g和4.47 g。

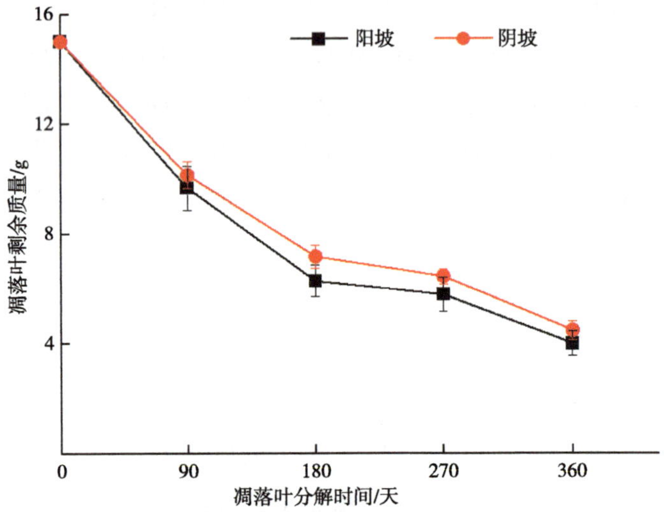

图11-1　不同坡向凋落物在分解期间的质量变化

每个分解期的质量损失率表现不同，在分解初期的90～180天的分解期内，质量损失逐渐增加，分解率逐渐增加，分解前180天的质量损失约占总质量损失的79%；在180～270天的分解期间，质量损失最小，0.51～1.97 g，占总质量损失的6.38%～9.56%，随着分解时间的增加，分解180～360天的损失质量逐渐增加，分解率逐渐增加，但仍然低于分解90～180天的质量损失和分解率。阳坡和阴坡的凋落物在各个分解期的质量损失率变化，从分解初期至分解360天来看，阳坡和阴坡的凋落物的质量损失率均呈逐渐增加的趋势，为期一年的分解，阳坡和阴坡的凋落物质量损失了70.2%～73.3%，且阳坡的凋落物质量损失率高于阴坡。不同分解期的凋落物质量损失率表现不同，表明分解时间决定了凋落物的分解程度，而分解期内的气候变化等对凋落物分解也具有显著影响。

11.2.2 凋落物养分变化

随着凋落物在分解过程中质量损失的变化，凋落物的养分含量也随着分解时间而发生变化。森林凋落物在分解过程中发生的化学营养元素的迁移常表现为释放、富集—释放模式。元素的迁移是维持土壤肥力的重要来源之一，也为林木的生长提供所需养分，促进森林生态系统的养分循环。

对阳坡和阴坡植被混合凋落物分解过程中全碳、全氮、全磷初始含量进行分析，发现具有一定的差异（表11-2），除全氮含量没有显著差异外，全碳、全磷含量及C/N均存在显著差异。阳坡和阴坡分解凋落物的初始碳、氮、磷含量表现为TC＞TN＞TP，凋落物在阳坡的全碳含量显著高于阴坡，而全磷含量显著低于阴坡，C/N与全碳含量表现一致。

表11-2 凋落物初始碳、氮、磷含量及C/N

样地	TC/%	TN/%	TP/（g/kg）	C/N
阳坡	45.9 ± 0.5b	2.29 ± 0.23a	1.32 ± 0.04a	20.1 ± 0.58b
阴坡	43.3 ± 0.7a	2.34 ± 0.21a	1.53 ± 0.03b	18.5 ± 0.33a

注：不同小写字母表示同种元素在不同坡向的差异显著（$P<0.05$）。

将凋落袋置于样地，自然分解过程中，凋落物全碳、全氮、全磷含量变化随着分解时间而发生变化（图11-2）。凋落物全碳含量随着分解时间的增加表现形式不太一致，阴坡凋落物在为期一年的分解过程中表现出全碳含量逐渐降低，而阳坡凋落物全碳含量在分解270天后达到最低（33.2%），随后迅速增加至41.7%，凋落物初始碳含量和分解一年后的全碳含量均表现为阳坡＞阴坡，而在分解90天、180天及270天后的全碳含量表现为阴坡＞阳坡，阴坡比阳坡高2.16%～5.41%，凋落物全碳含量整体表现出释放模式；阴坡凋落物全氮含量随分解表现出增加的趋势，约增加0.52%，阳坡凋落物在分解初期表现为释放的趋势，随后在分解180天后全氮含量达到最大（2.81%），随后逐渐降低，在270天后又表现出富集的趋势，全氮含量在分解180天后表现为阳坡＞阴坡，而在其他分解期内，均表现出阴坡＞阳坡，且以分解一年后的全氮含量相差最大，整体来看凋落物全氮含量表现为富集模式。

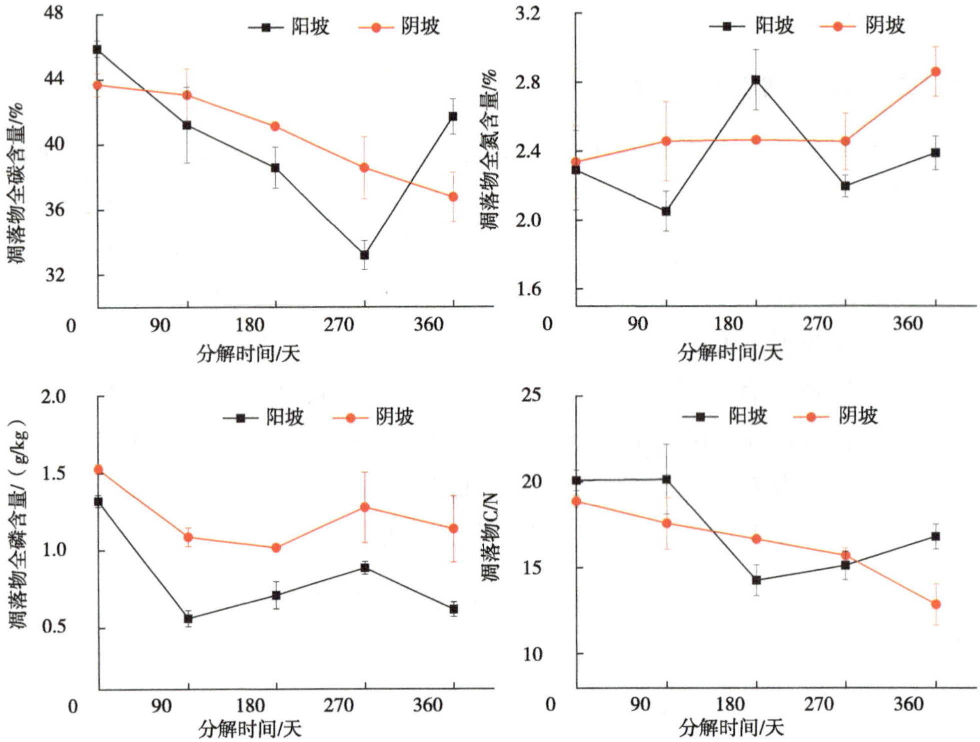

图11-2　凋落物全碳、全氮、全磷含量及C/N在分解过程中的变化

凋落物全磷含量在分解过程中表现为阴坡＞阳坡，且变化趋势较为一致，在分解初期表现出逐渐减少的趋势，随后逐渐上升，分解270天后在阳坡和阴坡的凋落物全磷含量分别达到0.88 g/kg和1.28 g/kg，整体来看，凋落物分解过程中全磷含量表现为逐渐释放的趋势；凋落物在分解过程中的C/N变化在阳坡和阴坡环境下表现不同，阴坡下的凋落物C/N在分解过程中表现出逐渐降低的趋势，在分解一年后达到12.9，且显著低于阳坡凋落物C/N，阳坡凋落物C/N在分解180天后达到最低（14.3）且显著低于阴坡，随后阳坡凋落物C/N逐渐增加至16.8，凋落物C/N整体表现出下降的趋势。

凋落物在分解过程中的养分释放状况如表11-3所示，阳坡和阴坡的凋落物的全氮含量均表现出富集的趋势，而全碳和全磷含量则表现出释放的趋势。阳坡凋落物全碳含量在分解第270天后达到最大释放率27.7%，随后释放率在分解360天后降低至9.19%，而阴坡凋落物在360天后达到最大释放率15.1%，随着分解时间的增加，凋落物全碳释放率逐渐增加；阳坡凋落物全氮含量在分解90天和270天后表现为释放，而在分解180天和360天后表现为富集，阴坡凋落物全氮含量在分解期间均表现出富集的状态，且在一年后的全氮释放率达到最大22.3%；凋落物全磷含量在分解过程中表现出释放趋势，阳坡凋落物全磷含量在分解初期的释放率最高为57.6%，随着分解时间的增加逐渐降低，在270天后又表现出增加的趋势，阴坡凋落物的全磷元素在分解180天后释放率达到最大33.5%，而在分解270天后的释放速率最低为16.5%。

表11-3 凋落物在分解过程中的养分释放率

分解时间/天	TC/%		TN/%		TP/%	
	阳坡	阴坡	阳坡	阴坡	阳坡	阴坡
90	10.2	3.63	10.4	−6.49	57.6	28.9
180	16.9	4.99	−24.4	−5.38	41.4	33.5
270	27.7	10.9	4.11	−4.99	33.1	16.5
360	9.19	15.1	−7.24	−22.3	54.9	28.5

11.2.3 土壤微生物群落结构变化

不同坡向凋落物分解过程中土壤微生物总磷脂脂肪酸含量如图11-3所示。凋落物分解过程中的微生物总磷脂脂肪酸含量在阳坡和阴坡环境下表现不同，以分解180天和360天后的土壤微生物总磷脂脂肪酸含量最高，平均值分别为559.2 nmol/g和513.6 nmol/g。在凋落物分解90天、180天和360天时土壤微生物总磷脂脂肪酸含量均表现为阳坡高于阴坡，高49.6 ~ 81.5 nmol/g，而在分解至270天，阴坡土壤微生物总磷脂脂肪酸含量显著高于阳坡，高约196.4 nmol/g。

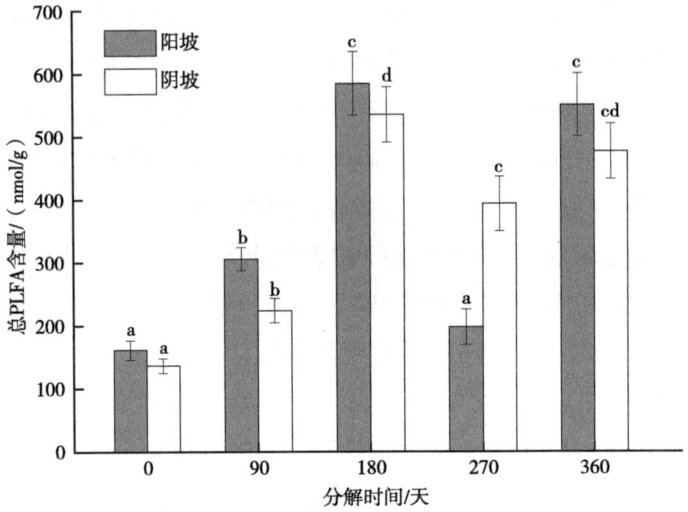

图11-3　土壤微生物PLFA总量

本研究对土壤微生物不同磷脂脂肪酸进行归类，如图11-4所示，土壤微生物群落分为细菌、真菌和放线菌三大类，不同坡向的土壤微生物群落间磷脂脂肪酸含量差异显著，且在凋落物分解过程中含量差异表现不同。随着凋落物分解时间的增加，各个分解期内的土壤微生物含量均表现出细菌（149.8 nmol/g）>放线菌（63.9 nmol/g）>真菌（31.3 nmol/g），可以看出细菌在喀斯特原生林土壤微生物群落中占主导地位，细菌和真菌群落在凋落物分解过程中的表现与总磷脂脂肪酸一致，凋落物分解90天、180天和360天后的微生物含量在阳坡高于阴坡，而分解270天后含量均低于阴坡，放线菌在凋落物分解90天和180天后的含量在阳坡高于阴坡，在分解270天和360天后的含量低于阴坡。

在阳坡土壤中细菌随分解过程中季节变化表现出先升高后降低再升高的趋势，且在凋落物分解360天后的细菌含量达到最大（230.9 nmol/g），与分解初期相比增加了约122.3 nmol/g，阴坡细菌含量在凋落物分解180天后达到最大（186.2 nmol/g），显著高于分解初期含量，约高102.4 nmol/g；真菌含量在阳坡和阴坡土壤的表现与细菌含量表现较为一致，阳坡环境下土壤真菌含量在凋落物分解90～180天时表现出逐渐增加的趋势，增加22.4 nmol/g，180～270天的真菌含量降到最低约16.1 nmol/g，360天后真菌含量升高达到最大（48.9 nmol/g），阴坡真菌含量在凋落物分解90～180天逐渐增加至最大（40.5 nmol/g），随后在凋落物分解360天后达到34.6 nmol/g；放线菌含量在凋落物分解90～180天达到最大，约109.1 nmol/g，在180～360天后放线菌含量逐渐降低了约85.2%，阴坡放线菌含量在凋落物分解180天后达到最大，约93.4 nmol/g，随着凋落物的分解放线菌含量在180天后变化不显著。

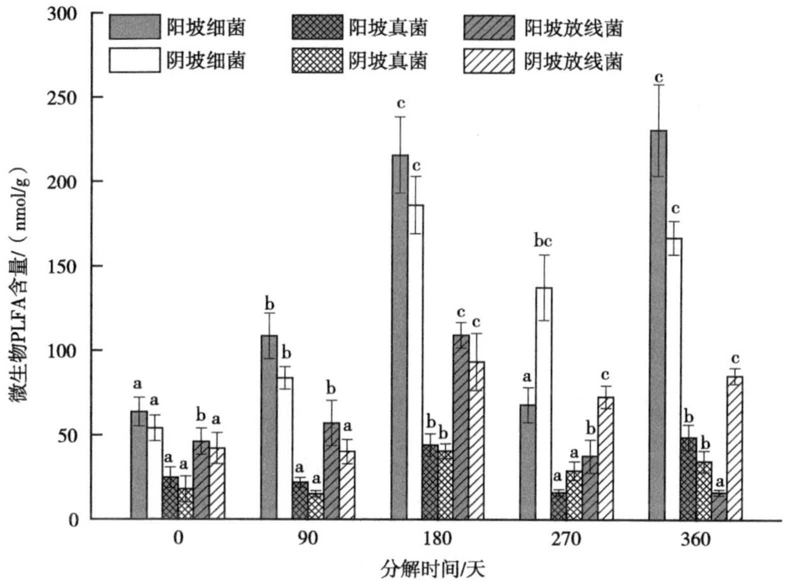

图11-4　微生物群落PLFA含量

将凋落物分解360天的比例大于2%的土壤磷脂脂肪酸含量与分解180天以及分解270天的相比较，发现磷脂脂肪酸含量在不同坡向以及不同分解时期的变化差异较大。如图11-5所示，阳坡环境下的凋落物分解270～360天期间的磷脂脂肪酸增加量显著高于分解180天的增加量，其中以阳坡环境下凋落物分解270～360天的细菌特征脂肪酸18：1ω7c含量增加最大，其次是cy19：0和真菌特征脂肪酸18：1ω9c，阳坡环境下凋落物分解180～360天的磷脂脂肪酸含量增加最大的是真菌特征脂肪酸18：1ω9c，约增加5.53 nmol/g；阴坡磷脂脂肪酸含量在分解180～360天表现为减少，其中以细菌特征脂肪酸18：1ω7c减少量最大，约减少9.42 nmol/g，其次是i15：0和真菌特征脂肪酸18：1ω9c，减少4.29～4.86 nmol/g；丛枝菌根真菌的特征脂肪酸16：1ω5c在阴坡环境下凋落物分解180～360天的含量表现为降低，而其他环境下含量变化均为增加，且以阳坡环境下分解270～360天的增加量最大。

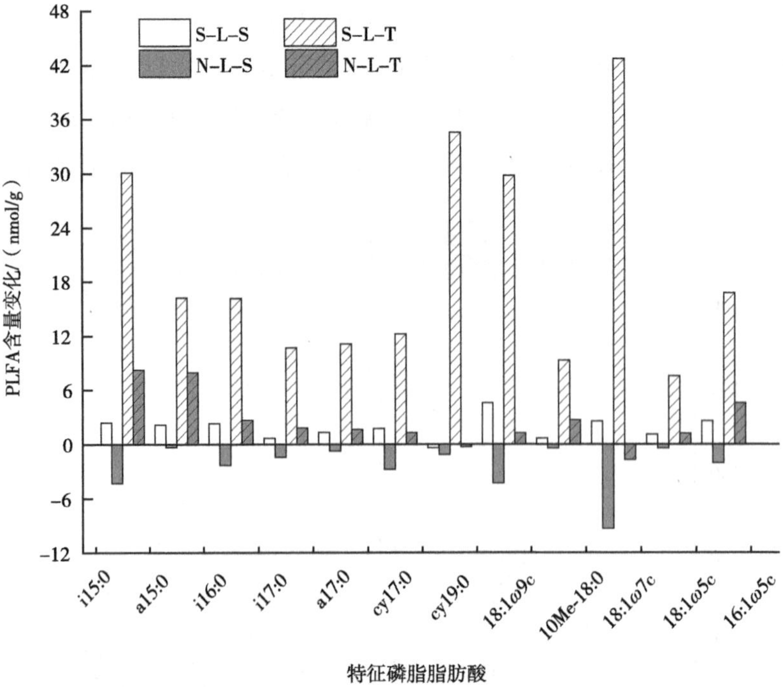

图11-5　微生物PLFA在凋落物分解180天和270天与360天相比的含量变化

注：S-L-S和N-L-S分别表示阳坡和阴坡PLFA在凋落物分解360天与180天的含量变化，S-L-T和N-L-T分别表示阳坡和阴坡土壤PLFA在凋落物分解360天与270天的含量变化。

11.2.4　微生物群落结构与凋落物质量损失及养分释放的关系

微生物群落结构与凋落物分解过程中质量损失、养分释放的关系如表11-4所示，整体来看，阳坡微生物群落结构与凋落物的碳、氮、磷元素释放率及质量损失率有较强的相关性。凋落物碳元素释放率与阳坡环境下的真菌及F/B具有显著正相关关系（$P<0.05$），而与阴坡环境的细菌群落有显著负相关关系（$P<0.05$）；凋落物氮元素释放率与阳坡环境的细菌群落呈极显著负相关关系（$P<0.01$），而与阴坡细菌呈显著正相关关系（$P<0.05$）；凋落物磷元素释放率与阳坡和阴坡环境的F/B均呈显著负相关关系（$P<0.01$）；凋落物质量损失率与阴坡环境的细菌群落呈显著负相关关系（$P<0.05$），与阳坡真菌呈极显著正相关关系（$P<0.01$）。

表11-4 凋落物元素释放率及质量损失率与土壤微生物群落的Spearman相关性分析

指标	B		F		ACT		F/B	
	阳坡	阴坡	阳坡	阴坡	阳坡	阴坡	阳坡	阴坡
E_C	−0.266	−0.561*	0.534*	0.478	−0.078	−0..32	0.673**	0.572*
E_N	−0.604**	0.547*	−0.496	−0.455	0.284	0.412	0.203	−0.459
E_P	0.528*	0.435	−0.275	−0.489	−0.262	−0.405	−0.698**	−0.615*
D_W	0.360	−0.533*	0.872**	0.139	−0.591*	−0.348	0.506*	0.218

注：E_C表示凋落物碳元素的释放率；E_N表示凋落物氮元素的释放率；E_P表示凋落物磷元素的释放率；D_W表示凋落物的质量损失率。*表示$P<0.05$的显著相关；**表示$P<0.01$的极显著相关。B表示细菌；F表示真菌；ACT表示放线菌；F/B表示真与菌细菌比值。

11.3 微生物对凋落物分解的影响机制

11.3.1 凋落物分解过程中质量变化特征

本研究于2016年5月开始放置凋落袋，共持续360天的野外分解，放置后90天的当地气候类型属于夏季，90~180天内属于秋季，180~270天内属于冬季，270~360天属于春季。由凋落袋内的凋落物剩余质量及各分解期的质量损失率可以看出，分解前90天和分解270~360天这两个时期的凋落物损失量分别约占整个分解期凋落物损失量的65.9%和42.9%，显著高于另两个时期的凋落物质量损失所占比例。质量损失大小反映了凋落物分解速率的快慢，由剩余质量和损失率可以发现阳坡环境的凋落物分解速率略高于阴坡环境的凋落物分解速率。曾昭霞等（2012）对桂西北喀斯特原生林凋落叶分解的研究发现，在分解前180天的质量损失率最高，约占年质量损失的75%，随后趋于平缓，与本研究中茂兰喀斯特研究区内的原生林凋落物质量损失在分解前180天约占年质量损失的79%较为接近。邓仁菊等（2009）对川西亚高山森林凋落物研究发现，季节性冻融对凋落物分解的影响显著，冻融期的凋落物分解率约占年分解率的65%，且冻融期使凋落物氮含量降低了14.1%，碳、磷含量变化不显著，这主要与季节变化所导致的气候条件的变化，从而影响作用于凋落物分解的土壤动物和微生物的活性有关。

茂兰喀斯特原生林不同坡向的凋落物年平均分解率约为71.8%，与兴安落叶松凋落叶的分解速率（54.8%）相比，显著高于后者，主要由于兴安落叶松本身含有较多油脂、单宁类等难降解的物质，且气候寒冷期相对较长，参与分解的微生物活性相对较弱，因此在自然状态下的凋落物分解相对较慢（赵鹏武，2009）。据有关研究表明，喀斯特原生林凋落物年分解速率（62%～66%）与北亚热带及亚热带森林地表凋落物年分解速率（40%～70%）相似，显著高于温带（20%～30%），低于热带雨林和季雨林凋落物的年分解速率（>70%）（屠梦照，1993；杨玉盛 等，2003）。大量研究表明，凋落物分解速率受生物、非生物因素以及凋落物自身化学特征的影响。温度对凋落物分解速率的影响较为显著，普遍认为在温度为3～25℃的范围内，温度越高，参与凋落物分解的微生物活性越强，凋落物的分解速率越快，高温高湿环境使土壤动物和微生物活性增强，使凋落物分解速率快于低温高湿环境（魏晶 等，2004；田兴军和立石贵浩，2002；张东来 等，2006），本研究中的凋落物在分解前90天及270～360天期间具有较快的分解速率，此时的凋落物处于夏季和第二年春季，在秋、冬季节凋落物的分解相对较弱，喀斯特区凋落物的年分解速率与该地区的气温、降水变化等较为一致，春、夏季气温回升且多雨水，与分解凋落物相关的几丁质酶、内切纤维素酶等随温度的升高活性增加（张鹏 等，2007），同时降水对凋落物具有一定的冲刷、粉碎作用，且增加土壤湿度，从而增加凋落物的分解速率。土壤动物、微生物及酶活性等也是影响凋落物分解速率的重要因素，土壤动物对凋落物的物理粉碎如踩踏、啃食等，增大凋落物比表面积，使凋落物与土壤表面接触面积增大，更有利于菌丝的入侵及凋落物的分解（王希华 等，2004）；凋落物自身化学特征影响分解速率的因素主要是碳、氮、磷含量，凋落物较高的氮含量能够促进凋落的分解（Yang and chen，2009）。郭培培等（2009）研究指出，凋落物在分解初期主要受自身生理特性及养分含量的影响，在同一分解时期内，亚热带阔叶植被青冈凋落叶的分解速率显著高于马尾松，主要与凋落物自身的油脂含量、角质层厚度等有关。

茂兰喀斯特区凋落物初始碳、氮、磷含量及C/N分别为44.1%、2.32%、1.43 g/kg及19.5，初始碳含量低于缙云山天然马尾松林的马尾松（51.3%）

和槲栎凋落物（45.1%），而氮、磷含量均显著高于两者（0.76%和1.55%，0.15 g/kg和0.91 g/kg），C/N显著低于两者。在凋落物分解过程中，C/N的变化模式与碳含量的变化较为相似，均表现为随分解时间的增加而降低，主要与凋落物在分解过程中氮元素的积累有关。Aber和Melillo（1980）认为氮元素的富集是由参与分解的微生物原生质氮的升高造成的。茂兰喀斯特区原生林凋落物碳、磷元素随分解时间呈减少的趋势，氮含量逐渐升高，与仲米财等（2013）对同纬度低山地貌区的青冈、桤木、木荷、马尾松在分解过程中的元素浓度变化研究结果较为一致，与廖利平等（1997）对同区域不同林地的植被凋落物磷含量变化的研究结果不同，相似之处可能主要在于地理位置的相近与相似，气候环境同属于亚热带湿润气候区，对植被的生长及养分的吸收具有一定的趋同性，不同之处主要在于不同样地的植被样地选取不同，微地形条件差异较大导致凋落物分解过程中表现出不同的养分释放特征。邓仁菊等（2009）对川西亚高山森林凋落物在冻融期的氮浓度降低了14.1%，碳和磷浓度的变化不显著；桂西北喀斯特区原生林凋落物在分解过程中的碳元素和氮元素均表现为持续释放，且前180天的释放速率较快，磷元素表现为净积累的趋势（曾昭霞 等，2012）。

本研究中凋落物碳、氮、磷元素的释放与积累模式与仲米财等（2013）、Aerts和Caluwe（1997）的研究表现相似，主要是由于凋落物氮含量相对较高，C/N相对较低，易于满足微生物分解过程中对氮元素的需求，因此活性增加，使凋落物分解速率加快；与邓仁菊等（2009）、曾昭霞等（2012）的研究结果不一致，与其凋落物初始碳、氮、磷含量相比发现，在茂兰原生林凋落物的氮含量相较桂西北原生林的低，较川西亚高山森林的高，碳、磷含量高于桂西北原生林凋落物，低于川西亚高山森林，茂兰喀斯特原生林凋落物营养元素初始含量高的在分解过程中易于释放，初始含量低的元素在分解过程中更易于富集。表明凋落物营养元素初始含量及分解环境等对分解过程中元素的释放与富集有显著的影响，海拔范围为400 ~ 800 m的喀斯特区原生林与海拔范围2 500 ~ 2 600 m的川西亚高山森林的植被类型及土壤环境均显著不同，独特的气候条件也是植被吸收土壤养分的影响因素之一。

11.3.2 土壤微生物对凋落物分解的影响

生态系统中凋落物的分解是由微生物主导的生物化学过程，大量研究表明，高海拔、低温环境下的凋落物分解相对缓慢甚至停滞主要是因为温度降低导致微生物休眠甚至死亡（王春阳 等，2011；Taylor，2002）。同时，凋落物营养元素含量、自身理化性质的差异，对微生物数量及群落结构具有选择的功能。而微生物的组成、代谢及活性的变化反过来也会决定凋落物的分解速率和养分循环（陈法霖和屠乃美，2009），因此，微生物对土壤环境、植被类型及气候变化等的反应较单纯的土壤理化性质、凋落物养分变化更敏感。

茂兰喀斯特区原生林凋落物分解过程中的微生物总PLFA含量在分解90～180天以及270～360天期间为513.2～559.5 nmol/g，显著高于分解前90天和180～270天的264.8～295.6 nmol/g，表明土壤微生物磷脂脂肪酸含量在不同季节表现不同，且本研究区表现出秋季和春季微生物含量显著高于夏季和冬季。与凋落物年凋落量变化较为相似，该研究区植被在秋季和春季的凋落量显著高于夏季和冬季，凋落物的增加为土壤微生物提供充足的食物来源，因此微生物含量增加。王巍巍等（2015）对内蒙古科尔沁地区的樟子松人工林进行凋落物移除和加倍处理，发现凋落物生物量加倍处理的土壤微生物总PLFA含量显著高于凋落物移除，与本研究结果相似，表明凋落物量对土壤微生物含量具有显著影响。茂兰喀斯特区土壤微生物总PLFA含量显著高于温带樟子松人工林（150 nmol/g）以及中亚热带杉木人工林（43.1 nmol/g）和罗浮栲天然林（57.7 nmol/g）（韩世忠 等，2015），纬度导致的研究样地气候差异显著，人工林及天然林的土壤养分及土壤环境状况不同，导致适宜微生物生存的条件发生改变，因此微生物总PLFA含量差异显著。在凋落物不同分解时期，微生物PLFA总量、细菌PLFA和真菌PLFA含量均表现出阳坡高于阴坡，而研究表明阳坡凋落物分解速率高于阴坡，表明坡向对微生物含量及活性具有一定影响，主要由于坡向改变了研究区的微气候，决定了土壤对太阳辐射吸收量，从而影响土壤含水量和土壤温度，进而影响土壤微生物含量及群落结构。

本研究中土壤微生物各群落PLFA含量在凋落物分解期间的变化不同，并且微生物群落结构均表现出细菌＞放线菌＞真菌。春季微生物各群落PLFA含量与夏季相比，除阳坡放线菌含量降低外其他微生物群落含量均显著增加。春季微生物特征磷脂脂肪酸含量与秋季和冬季的相比，表现各有差异。由不同季节的微生物群落结构与凋落物质量损失率的关系发现，阳坡环境下的真菌群落百分比含量随凋落物质量损失率的增加而增加，阳坡环境下的细菌百分比含量随凋落物分解过程中氮含量的富集而增加，随凋落物磷含量的释放而增加。孙海等（2018）对不同树种凋落物分解过程中微生物群落的变化进行研究发现，分解27个月与分解10个月的土壤微生物群落相比，细菌对不利环境的适应性强于其他微生物群落，因此含量有所增加。春季植被凋落量显著高于其他季节，地表枯枝落叶等营养源丰富，加之表层土水热条件和通气状况有利于微生物活动，且春季促进植被根系生长，在土壤表层分泌较多可溶性糖类、蛋白质等刺激微生物活动，加速微生物繁殖，因此微生物含量显著高于其他时期。土壤微生物群落作为凋落物分解的参与者，同时又受到凋落物分解过程的影响。李亮等（2010）对乌兰布和沙漠东北部沙区人工林土壤微生物的研究发现，在土壤pH值 > 8.5的环境下土壤三大类微生物群落含量表现与本研究相似，而细菌百分比含量（约85%）显著高于本研究（约35%）。表明中性和微碱性土壤环境更适宜细菌和放线菌生长，抑制真菌生长。

本研究区的土壤pH值在5.3 ~ 7.2范围内，偏酸性环境导致细菌百分比含量相对较低。本研究中细菌百分比含量逐渐降低，真菌百分比含量逐渐升高，放线菌百分比含量变化差异不显著。真菌百分比含量与凋落物质量损失率的相关性表明真菌在凋落物分解过程中的作用较大，主要和与真菌含量高度相关的纤维素酶和β-葡萄糖苷酶对凋落物碳物质的分解相关。随着凋落物分解，难分解物质如纤维素的比例逐渐增加，微生物能量来源减少，而对底物利用能力的不同，导致真菌百分比相对上升，细菌百分比相对降低。微生物群落结构在不同季节对凋落物分解、养分循环的贡献存在差异，阳坡和阴坡环境下的真菌与细菌比值均表现出先增加后减少的趋势。阳坡在秋季的真菌与细菌比值最高，随后降低，表明秋季的土壤微生物以真菌活性相对较高，其他季节以细菌活性和含量占主导作用，在茂兰喀斯特区阳坡秋季凋落落叶阔叶量显著高于其他季节，由此看出土壤微生物真菌群落对落叶分解起主要作用，而细菌和放线菌变化趋势相似，且与凋落常绿阔叶的季节相吻合，表明细菌和放线菌对春季和夏季凋落物的分解起主要作用。

对凋落物剩余质量的研究发现，随着凋落物分解时间的增加而减少，微生物总PLFA含量及细菌PLFA则表现为逐渐增加，与陈法霖等（2011）对亚热带季风湿润区马尾松和湿地松凋落物分解过程中的微生物总量变化特征较为相似，凋落物初始碳含量、木质素含量等对细菌和真菌群落影响较大，可能由于该地区土壤微生物以细菌为主要微生物类群，其也是凋落物分解过程中的主要参与者，随着凋落物被逐渐粉碎，有利于细菌对凋落物养分的利用，在增加细菌自身PLFA含量的同时，加速凋落物的分解。对森林不同坡向、坡位的土壤微生物研究发现，土壤深度、温度和水分含量显著影响土壤微生物的活性，从而影响凋落物分解。李姗姗等（2016）同样采用分解袋野外原位分解法发现，凋落物分解后的土壤真菌和细菌PLFA含量增加，坡度、坡向和海拔等地形因素是微生物群落变化的主导因子，其次是凋落物的基质质量。同一坡度，不同坡位的土层厚度、土壤肥沃度以及植被生长状况因对太阳辐射的吸收量不同而存在差异，进而影响植被初级生产量、土壤含水量和土壤温度，使土壤微生物分布不均匀和组成表现不同，对凋落物分解速率和分解强度产生不同影响，最终影响森林生态系统的物质循环。罗媛媛等（2010）对常绿阔叶林木荷凋落叶的分解速率研究发现，凋落物的分解与土壤动物有较强的相关性。凋落物在分解后期，难以被微生物分解利用的木质素层被弹尾目动物取食、破碎，便于微生物分解。在本研究中，凋落物在分解前180天（5—11月）的质量损失占比较高，而在秋季（9—11月）和春季（3—5月）产生大量凋落物时期内，土壤微生物含量显著高于冬季（11月至第二年5月）。由此推断，茂兰喀斯特区森林凋落物的初始养分含量对微生物具有显著影响，新鲜的大量凋落物增加土壤微生物含量，随着凋落物分解的过程，微生物各群落表现不同。凋落物分解后期，在土壤动物和微生物的相互作用下，使茂兰喀斯特森林凋落物的年分解速率显著高于其他非喀斯特森林。

11.4 小结

凋落物在分解前180天的质量损失占年质量损失的74%～79%，凋落物年平均分解率约为72%，且阳坡环境下的凋落物分解率高于阴坡环境；凋落物分解过程中的磷元素的释放率显著高于碳元素，氮元素表现出富集的趋势。

亚热带茂兰喀斯特区森林土壤微生物含量相对高于其他亚热带、温带森林，秋季和春季为植被产生大量凋落物时期，微生物含量和活性显著提高；细菌群落是该区土壤微生物的主要类群，其次是放线菌和真菌，真菌与细菌比值反映了土壤主要微生物群落结构，在秋季和冬季，参与凋落物难分解物质的真菌含量增加，其他季节，以细菌和放线菌对凋落物分解作用为主；4个季节的土壤微生物含量变化以春季和冬季变化最为显著，阳坡环境下的春季和秋季真菌特征磷脂脂肪酸18：1ω9c含量相差最大，阴坡环境春季和秋季的细菌特征磷脂脂肪酸18：1ω7c含量差异最大。凋落物在分解过程中的质量损失率与真菌群落呈显著正相关关系，微生物群落结构与凋落物碳和磷元素的释放率以及氮元素的富集呈正相关关系。不同坡向、不同季节对土壤微生物群落结构及活性的影响不同，本研究中阳坡环境的土壤微生物对凋落物分解强度高于阴坡环境，且凋落物初始养分含量对微生物有较大影响。

参考文献

包剑利，殷秀琴，李晓强，2015. 长白山牛皮杜鹃凋落物分解及土壤动物的作用[J]. 生态学报，35（10）：3320-3328.

薄国栋，申国明，张继光，等，2016. 秸秆还田对植烟土壤养分及真菌群落多样性的影响[J]. 土壤通报（1）：137-142.

鲍士旦，2000. 土壤农化分析[M]. 北京：中国农业出版社.

卜涛，张水奎，宋新章，等，2013. 几个环境因子对凋落物分解的影响[J]. 浙江农林大学学报，30（5）：740-747.

曹茭，肖文娅，2015. 森林凋落物分解及其影响因子研究[J]. 科技视界（8）：143，202.

曹建华，李小波，赵春梅，等，2007. 森林生态系统养分循环研究进展[J]. 热带农业科学，27（6）：68-79.

常雅军，陈琦，曹靖，等，2011. 甘肃小陇山不同针叶林凋落物量、养分储量及持水特性[J]. 生态学报，31（9）：2392-2400.

陈法霖，屠乃美，2009. 保护性耕作对土壤微生物的影响及机制[J]. 作物研究，23（3）：228-232.

陈鹏，富德义，1984. 长白山土壤动物在物质循环中作用的初步探讨[J]. 生态学报（2）：172-180.

陈法霖，郑华，阳柏苏，等，2011. 外来种湿地松凋落物对土壤微生物群落结构和功能的影响[J]. 生态学报，31（12）：3543-3550.

崔洋，汪思龙，于小军，等，2012. 森林土壤动物对凋落物早期分解及养分释放的影响[J]. 生态学杂志，31（11）：2709-2715.

邓仁菊，杨万勤，冯瑞芳，等，2009. 季节性冻融期间亚高山森林凋落物的质量损失及元素释放[J]. 生态学报，29（10）：5730-5735.

高吉权，周国新，王光军，等，2016. 杉木林凋落物与土壤C：N：P生态化学计量学的相关关系[J]. 湖南林业科技，43（4）：1-6.

官丽莉，周国逸，张德强，等，2004. 鼎湖山南亚热带常绿阔叶林凋落物量20年动态研究[J]. 植物生态学报，28（4）：449-456.

郭剑芬，杨玉盛，陈光水，等，2006. 森林凋落物分解研究进展[J]. 林业科学（4）：93-100.

郭培培，江洪，余树全，等，2009. 亚热带6种针叶和阔叶树种凋落叶分解比较[J]. 应用与环境生物学报，15（5）：655-659.

韩世忠，高人，李爱萍，等，2015. 中亚热带地区两种森林植被类型土壤微生物群落结构[J]. 应用生态学报，26（7）：2151-2158.

韩玉竹，曾兵，黄建国，2011. 多花黑麦草根际微生物研究[J]. 中国草地学报，33（4）：78-82.

何帆，王得祥，雷瑞德，等，2008. 秦岭林区主要树种叶片凋落物性质的研究[J]. 西北林学院学报，23（4）：30-33.

何平，2017. 模拟氮沉降对森林残落物分解及养分动态的影响[D]. 南昌：江西农业大学.

胡霞，吴宁，吴彦，等，2012. 川西高原季节性雪被覆盖对窄叶鲜卑花凋落物分解和养分动态的影响[J]. 应用生态学报，23（5）：1226-1232.

胡亚林，汪思龙，黄宇，等，2005. 凋落物化学组成对土壤微生物学性状及土壤酶活性的影响[J]. 生态学报，25（10）：2662-2668.

黄志宏，田大伦，梁瑞友，等，2007. 南岭不同林型土壤微生物数量特征分析[J]. 中南林业科技大学学报，27（3）：1-4，13.

黄宗胜，符裕红，喻理飞，2013. 喀斯特森林植被自然恢复中凋落物现存量及其碳库特征演化[J]. 林业科学研究，26（1）：8-14.

金龙，吴志祥，杨川，等，2015. 不同林龄橡胶凋落物叶分解特性与有机碳动态研究[J]. 热带作物学报，36（4）：698-705.

孔祥斌，张凤荣，王茹，等，2005. 城乡交错带土地利用变化对土壤养分的影响——以北京市大兴区为例[J]. 地理研究，24（2）：213-221.

兰长春，2008. 肖坑亚热带常绿阔叶林凋落物量及养分动态[D]. 合肥：安徽农业大学.

李菲，李娟，龙健，等，2015. 典型喀斯特山区植被类型对土壤有机碳、氮的影响[J]. 生态学杂志，34（12）：3374-3381.
李刚，范宝莉，文都日乐，等，2011. 呼伦贝尔针茅草原土壤真菌群落结构分析[J]. 土壤学报，48（5）：1096-1102.
李海涛，于贵瑞，李家永，等，2007. 亚热带红壤丘陵区四种人工林凋落物分解动态及养分释放[J]. 生态学报，27（3）：898-908.
李亮，包耀贤，廖超英，等，2010. 乌兰布和沙漠东北部沙区人工林土壤微生物及酶活性研究[J]. 西北植物学报（5）：987-994.
李姗姗，王正文，杨俊杰，2016. 凋落物分解过程中土壤微生物群落的变化[J]. 生物多样性，24（2）：195-204.
李晓强，2014. 长白山岳桦林凋落物分解与土壤动物的相互作用[D]. 长春：东北师范大学.
李艳红，杨万勤，罗承德，等，2013. 桉—桤不同混合比例凋落物分解过程中土壤动物群落动态[J]. 生态学报，33（1）：159-167.
李阳兵，邵景安，魏朝富，等，2007. 岩溶山区不同土地利用方式下土壤质量指标响应[J]. 生态与农村环境学报（1）：12-15.
李宜浓，周晓梅，张乃莉，等，2016. 陆地生态系统混合凋落物分解研究进展[J]. 生态学报，36（16）：4977-4987.
李志安，王伯荪，翁轰，等，1998. 鼎湖山南亚热带季风常绿阔叶林凋落物的养分动态[J]. 热带亚热带植物学报（3）：209-215.
李梓正，朱立博，林叶春，等，2010. 呼伦贝尔草原不同退化梯度土壤细菌多样性季节变化[J]. 生态学报，30（11）：2883-2889.
梁东，王一新，马强，等，2019. 植物凋落物分解研究进展[J]. 吉林林业科技，48（4）：37-43.
廖军，王新根，2000. 森林凋落量研究概述[J]. 南方林业科学（1）：31-34.
廖洪凯，龙健，李娟，2012. 土地利用方式对喀斯特山区土壤养分及有机碳活性组分的影响[J]. 自然资源学报，27（12）：2081-2090.
廖利平，LINDLEY D K，杨永辉，1997. 森林叶凋落物混合分解的研究 I. 缩微（Microcosm）实验[J]. 应用生态学报，8（5）：459-464.
林波，刘庆，吴彦，等，2004. 森林凋落物研究进展[J]. 生态学杂志，23（1）：60-64.

林成芳，彭建勤，洪慧滨，等，2017. 氮、磷养分有效性对森林凋落物分解的影响研究进展[J]. 生态学报，37（1）：54-62.

刘增文，高文俊，潘开文，等，2006. 枯落物分解研究方法和模型讨论[J]. 生态学报（6）：1993-2000.

龙健，黄昌勇，李娟，2002. 喀斯特山区土地利用方式对土壤质量演变的影响[J]. 水土保持学报，16（1）：76-79.

龙健，江新荣，邓启琼，等，2005. 贵州喀斯特地区土壤石漠化的本质特征研究[J]. 土壤学报，42（3）：419-427.

龙健，李娟，江新荣，等，2004. 贵州茂兰喀斯特森林土壤微生物活性的研究[J]. 土壤学报，41（4）：597-602.

卢怡，龙健，廖洪凯，等，2017. 喀斯特地区不同土地利用方式下土壤团聚体中养分和酶活性的研究——以花江为例[J]. 环境化学，36（4）：821-829.

卢俊培，刘其汉，1989. 海南岛尖峰岭热带林凋落叶分解过程的研究[J]. 林业科学研究（1）：25-33.

卢晓强，杨万霞，丁访军，等，2014. 茂兰喀斯特地区原始林凋落物量动态与养分归还[J]. 生态与农村环境学报，30（5）：614-619.

卢姿瑾，2017. 细叶云南松天然混交林凋落物季节动态及凋落物养分与土壤特性的研究[D]. 南宁：广西大学.

鲁如坤，2000. 土壤农业化学分析方法[M]. 北京：中国农业科学技术出版社.

陆梅，田昆，张仕艳，等，2010. 不同干扰程度下高原湿地纳帕海土壤酶活性与微生物特征研究[J]. 生态环境学报，19（12）：2783-2788.

罗媛媛，袁金凤，沈国春，等，2010. 常绿阔叶林片段中木荷凋落叶分解速率及中小型土壤节肢动物群落的结构动态[J]. 应用生态学报，21（2）：265-271.

骆亦其，2007. 土壤呼吸与环境 [M]. 北京：高等教育出版社.

莫江明，孔国辉，SANDRA B，等，2001. 鼎湖山马尾松林凋落物及其对人类干扰的响应研究[J]. 植物生态学报，25（6）：656-664.

潘复静，张伟，王克林，等，2011. 典型喀斯特峰丛洼地植被群落凋落物C：N：P生态化学计量特征[J]. 生态学报，31（2）：335-343.

彭少麟，刘强，2002. 森林凋落物动态及其对全球变暖的响应[J]. 生态学报（9）：1534-1544.

片桐成夫，李昌华，川口英之，等，2001. 中国南部天然常绿阔叶林的凋落物养分归还[J]. 资源科学，23（S1）：58-67.

钱正敏，冉景丞，容丽，等，2009. 茂兰喀斯特森林凋落物量动态研究[J]. 安徽农业科学，37（8）：3485-3487.

邵玉琴，杨桂霞，崔宇新，等，2011. 锡林郭勒典型草原不同放牧强度下土壤微生物数量的分布特征[J]. 中国草地学报，33（2）：63-68.

盛海彦，李松龄，曹广民，2008. 放牧对祁连山高寒金露梅灌丛草甸土壤微生物的影响[J]. 生态环境学报，17（6）：2319-2324.

孙海，王秋霞，张春阁，等，2018. 不同树叶凋落物对人参土壤理化性质及微生物群落结构的影响[J]. 生态学报，38（10）：3603-3615.

覃勇荣，曾艳兰，蒋光敏，等，2008. 不同植被恢复模式凋落物水分涵养能力比较研究——以桂西北喀斯特石漠化地区为例[J]. 中国农学通报，24（10）：179-184.

汤松林，2009. 培育桉树大径材的杉桉混交林效益分析[J]. 安徽农学通报，15（9）：183-184.

唐政，李继光，李慧，等，2014. 喀斯特土壤微生物和活性有机碳对生态恢复的快速响应[J]. 生态环境学报，23（7）：1130-1135.

田兴军，立石贵浩，2002. 亚高山针叶林土壤动物和土壤微生物对针叶分解的作用[J]. 植物生态学报，26（3）：257-263.

屠梦照，姚文华，翁轰，等，1993. 鼎湖山南亚热带常绿阔叶林凋落物的特征[J]. 土壤学报（1）：34-42.

汪其同，高明宇，刘梦玲，等，2017. 基于高通量测序的杨树人工林根际土壤真菌群落结构[J]. 应用生态学报，28（4）：1177-1183.

王瑾，黄建辉，2001. 暖温带地区主要树种叶片凋落物分解过程中主要元素释放的比较[J]. 植物生态学报，25（3）：375-380.

王春阳，周建斌，王祥，等，2011. 黄土高原区不同植物凋落物可溶性有机碳的含量及生物降解特性[J]. 环境科学，32（4）：1139-1145.

王凤友，1989. 森林凋落量研究综述[J]. 生态学进展，6（2）：82-89.

王海英，郭守玉，黄满荣，等，2010. 子囊菌较担子菌具有更快的进化速率和更高的物种多样性[C]. 中国菌物学会学术年会：730-731.

王世杰，李阳兵，2007. 喀斯特石漠化研究存在的问题与发展趋势[J]. 地球科学进展，22（6）：573–582.

王天娇，2019. 长白山林下湿地植物—凋落物—土壤连续体碳同位素特征研究[D]. 延吉：延边大学.

王巍巍，赵琼，赵欣然，等，2015. 凋落物管理对樟子松人工林土壤微生物群落结构的影响[J]. 生态学杂志，34（9）：2605–2612.

王希华，黄建军，闫恩荣，2004. 天童国家森林公园常见植物凋落叶分解的研究[J]. 植物生态学报，28（4）：457–467.

王相娥，薛立，谢腾，2009. 凋落物分解研究综述[J]. 土壤通报，40（6）：1473–1478.

王鑫朝，刘守赞，马元丹，等，2017. 放牧对冷蒿根际土壤细菌和真菌多样性影响的PCR-DGGE分析[J]. 内蒙古农业大学学报（自然科学版），38（6）：38–47.

王雅婷，卢剑波，2017. 陆地生态系统凋落物分解及影响因子的研究进展[J]. 科技通报，33（10）：1–10.

王艳云，姜爱霞，郭笃发，2016. 黄河三角洲土壤真菌群落结构对盐生植被演替的响应[J]. 环境科学学报，36（11）：4146–4152.

王意锟，方升佐，曲宏辉，等，2012. 森林凋落物分解的影响因素[J]. 林业工程学报，26（1）：5–9.

魏晶，吴钢，邓红兵，2004. 长白山高山冻原植被生物量的分布规律[J]. 应用生态学报，15（11）：1999–2004.

魏鲁明，余登利，陈正仁，2009. 茂兰喀斯特森林凋落物量的动态研究[J]. 南京林业大学学报（自然科学版），33（3）：31–34.

吴鹏，陈骏，崔迎春，等，2012. 茂兰喀斯特植被主要演替群落土壤有机碳研究[J]. 中南林业科技大学学报（12）：187–192.

吴毅，刘文耀，沈有信，等，2007. 滇石林地质公园喀斯特山地天然林和人工林凋落物与死地被物的动态特征[J]. 山地学报，25（3）：317–325.

吴钦孝，赵鸿雁，刘向东，等，1998. 森林枯枝落叶层涵养水源保持水土的作用评价[J]. 土壤侵蚀与水土保持学报，4（2）：23–28.

吴永胜，马万里，李浩，等，2010. 内蒙古退化荒漠草原土壤有机碳和微生物生物量碳含量的季节变化[J]. 应用生态学报，21（2）：312-316.
夏磊，吴福忠，杨万勤，等，2012. 川西亚高山森林凋落物分解初期土壤动物对红桦凋落叶质量损失的贡献[J]. 应用生态学报，23（2）：301-306.
熊红福，王世杰，容丽，等，2013. 普定喀斯特地区不同演替阶段植物群落凋落物动态[J]. 生态学杂志，32（4）：802-806.
徐胜，付伟，平琴，等，2017. 气候变化对树木凋落物分解的影响研究进展[J]. 生态学杂志，36（11）：3266-3272.
许湘琴，林植华，陈慧丽，2011. 凋落物分解对土壤生物的影响[J]. 生态学杂志，30（6）：1258-1264.
许晓静，张凯，刘波，等，2007. 森林凋落物分解研究进展[J]. 中国水土保持科学（4）：108-114.
阎恩荣，马文济，张晴晴，等，2014. 浙江天童常绿阔叶林不同演替阶段地表凋落物的C：N：P化学计量特征[J]. 植物生态学报，38（8）：833-842.
杨鼎元，2016. 贵州高羊茅内生真菌多样性研究[D]. 贵阳：贵州师范大学.
杨立宾，隋心，朱道光，等，2017. 大兴安岭兴安落叶松林土壤真菌群落特征研究[J]. 中南林业科技大学学报，37（12）：76-84.
杨丽丽，王彦辉，文仕知，等，2015. 六盘山四种森林生态系统的碳氮储量、组成及分布特征[J]. 生态学报，35（15）：5215-5227.
杨万勤，邓仁菊，张健，2007. 森林凋落物分解及其对全球气候变化的响应[J]. 应用生态学报，18（12）：2889-2895.
杨效东，邹晓明，2006. 西双版纳热带季节雨林凋落叶分解与土壤动物群落：两种网孔分解袋的分解实验比较[J]. 植物生态学报（5）：791-801.
杨玉盛，林鹏，郭剑芬，等，2003. 格氏栲天然林与人工林凋落物数量、养分归还及凋落叶分解[J]. 生态学报，23（7）：1278-1289.
姚健，2011. 喀斯特人工林凋落物特性及对土壤生态功能影响[D]. 南京：南京林业大学.
殷秀琴，刘继亮，高明，2007. 小兴安岭森林生态系统中营养元素关系及土壤动物的作用[J]. 地理科学（6）：814-819.
尹文英，1992. 中国亚热带土壤动物[M]. 北京：科学出版社.
尹文英，1998. 中国土壤动物检索图鉴[M]. 北京：科学出版社.

俞国松，王世杰，容丽，等，2011. 茂兰喀斯特森林主要演替群落的凋落物动态[J]. 植物生态学报，35（10）：1019–1028.

喻阳华，程雯，杨丹丽，等，2018. 黔西北次生林优势树种叶片—凋落物—土壤连续体有机质碳稳定同位素特征[J]. 生态学报，38（24）：8733–8740.

原作强，李步杭，白雪娇，等，2010. 长白山阔叶红松林凋落物组成及其季节动态[J]. 应用生态学报，21（9）：2171–2178.

张鹏，田兴军，何兴兵，等，2007. 亚热带森林凋落物层土壤酶活性的季节动态[J]. 生态环境学报，16（3）：1024–1029.

张崇邦，金则新，李均敏，2003. 濒危珍稀植物七子花落叶的分解特性[J]. 福建林业科技（3）：1–4.

张东来，毛子军，张玲，等，2006. 森林凋落物分解过程中酶活性研究进展[J]. 林业科学，42（1）：105–109.

张圣喜，陈法霖，郑华，2011. 土壤微生物群落结构对中亚热带三种典型阔叶树种凋落物分解过程的响应[J]. 生态学报，31（11）：3020–3026.

张燕燕，曲来叶，陈利顶，等，2010. 黄土丘陵沟壑区不同植被类型土壤微生物特性[J]. 应用生态学报，21（1）：165–173.

张永生，赖欣，张静妮，等，2010. 放牧对贝加尔针茅草原土壤细菌群落结构的影响[J]. 生态学杂志，29（12）：2457–2463.

赵晶晶，牛晓燕，程宇琪，等，2017. 我国森林凋落物分解研究进展[J]. 内蒙古林业科技，43（3）：43–46.

赵鹏武，2009. 大兴安岭兴安落叶松林凋落物动态与养分释放规律研究[D]. 呼和浩特：内蒙古农业大学.

赵雪琴，李宜垠，杨柳，2013. 食草动物粪便中的真菌孢子—粪壳菌及其在第四纪环境研究中的意义[J]. 第四纪研究，33（3）：613–614.

赵燕波，纪托未，张丹桔，等，2015. 3个树种与巨桉混交土壤理化性质、凋落物量和养分含量特征[J]. 应用与环境生物学报，21（5）：948–953.

甄莉娜，王康，杨俊霞，等，2012. 农牧交错带不同利用方式下土壤菌群数量及剖面分布特征[J]. 中国草地学报，34（2）：87–92.

郑征，李佑荣，刘宏茂，等，2005. 西双版纳不同海拔热带雨林凋落量变化研究[J]. 植物生态学报，29（6）：884–893.

仲米财，王清奎，高洪，等，2013. 中亚热带主要树种凋落叶在杉木人工林中分解及氮磷释放过程[J]. 生态学杂志，32（7）：1653-1659.

曾锋，邱治军，许秀玉，2010. 森林凋落物分解研究进展[J]. 生态环境学报，19（1）：239-243.

曾昭霞，王克林，曾馥平，等，2012. 桂西北喀斯特区原生林与次生林凋落叶降解和养分释放[J]. 生态学报，32（9）：2720-2728.

曾昭霞，王克林，刘孝利，等，2015. 桂西北喀斯特森林植物—凋落物—土壤生态化学计量特征[J]. 植物生态学报（7）：682-693.

仲伟彦，殷秀琴，陈鹏，1999. 帽儿山森林落叶分解消耗与土壤动物关系的研究[J]. 应用生态学报（4）：128-129.

周政贤，1987. 茂兰喀斯特森林科学考察集[M]. 贵阳：贵州人民出版社.

朱双燕，王克林，曾馥平，等，2009. 桂西北喀斯特次生林凋落物养分归还特征[J]. 生态环境学报，18（1）：274-279.

邹碧，李志安，丁永祯，等，2006. 南亚热带4种人工林凋落物动态特征[J]. 生态学报（3）：715-721.

AANDERUD Z T，SHULDMAN M I，DRENOVSKY R E，et al.，2008. Shrub-interspace dynamics alter relationships between microbial community composition and belowground ecosystem characteristics[J]. Soil Biology and Biochemistry，40（9）：2206-2216.

ABADÍA A，GIL E，MORALES F，et al.，1996. Marcescence and senescence in a submediterranean oak（*Quercus subpyrenaica* E. H. del Villar）：photosynthetic characteristics and nutrient composition[J]. Plant，Cell & Environment，19（6）：685-694.

ABER J D，MELILLO J M，1980. Litter decomposition：measuring relative contributions of organic matter and nitrogen to forest soils[J]. Canadian Journal of Botany，58（4）：416-421.

ADL S M，2003. The ecology of soil decomposition[M]. Wallingford：CABI Publishing.

AERTS R，CALUWE H D，1997. Nutritional and plant-mediated controls on leaf litter decomposition of carex species[J]. Ecology，78（1）：244-260.

ALMAGRO M, MAESTRE F T, MARTÍNEZ-LÓPEZ J, et al., 2015. Climate change may reduce litter decomposition while enhancing the contribution of photodegradation in dry perennial Mediterranean grasslands[J]. Soil Biology and Biochemistry, 90: 214–223.

ANESIO A M, TRANVIK L J, GRANÉLI W, 1999. Production of inorganic carbon from aquatic macrophytes by solar radiation[J]. Ecology, 80 (6): 1852–1859.

ANGST Š, CAJTHAML T, ANGST G, et al., 2017. Retention of dead standing plant biomass (marcescence) increases subsequent litter decomposition in the soil organic layer[J]. Plant and Soil, 418 (1): 571–579.

ANTONINKA A, REICH P B, JOHNSON N C, 2011. Seven years of carbon dioxide enrichment, nitrogen fertilization and plant diversity influence arbuscular mycorrhizal fungi in a grassland ecosystem[J]. New Phytologist, 192 (1): 200–214.

AUSTIN A T, BALLARE C L, 2010. Dual role of lignin in plant litter decomposition in terrestrial ecosystems[J]. Proceedings of the National Academy of Sciences of the United States of America, 107 (10): 4618–4622.

AUSTIN A T, VIVANCO L, 2006. Plant litter decomposition in a semi-arid ecosystem controlled by photodegradation[J]. Nature, 442 (7102): 555–558.

BANI A, PIOLI S, VENTURA M, et al., 2018. The role of microbial community in the decomposition of leaf litter and deadwood[J]. Applied Soil Ecology, 126: 75–84.

BARAJAS-GUZMÁN G, ALVAREZ-SÁNCHEZ J, 2003. The relationships between litter fauna and rates of litter decomposition in a tropical rain forest[J]. Applied Soil Ecology, 24 (1): 91–100.

BARDGETT R D, FREEMAN C, NICHOLAS J O, 2008. Microbial contributions to climate change through carbon cycle feedbacks[J]. The International Society for Microbial Ecology Journal, 2 (8): 805–814.

BECKER H, PABST J, MNYONGA J, et al., 2015. Annual litterfall dynamics and nutrient deposition depending on elevation and land use at Mt. Kilimanjaro[J].

Biogeosciences Discussions，2：10031−10057.
BERENSTECHER P，VIVANCO L，PÉREZ L I，et al.，2020. Sunlight doubles aboveground carbon loss in a seasonally dry woodland in Patagonia[J]. Current Biology，30（16）：3243−3251.
BERG B，LASKOWSKI R，2006. Litter decomposition：a guide to carbon and nutrient turnover[J]. Advances in Ecological Research，38（5）：448.
BERG B，MCCLAUGHERTY C，2003. Plant litter：decomposition，humus formation，carbon sequestration [M]. New York：Springer Verlag.
BERG B，MCCLAUGHERTY C，2008. Plant litter：decomposition，humus formation，carbon sequestration[M]. Berlin Heidelberg：Springer.
BERG B，STAAF H，1980. Decomposition rate and chemical changes of Scots pine needle litter. Ⅱ. Influence of chemical composition[J]. Ecological Bulletins，32：373−390.
BERG B，2000. Litter decomposition and organic matter turnover in northern forest soils[J]. Forest Ecology and Management，133（1−2）：13−22.
BERNARD L，CHAPUISLARDY L，RAZAFIMBELO T，et al.，2012. Endogeic earthworms shape bacterial functional communities and affect organic matter mineralization in a tropical soil[J]. The International Society for Microbial Ecology Journal，6（1）：213.
BERTRAND M，BAROT S，BLOUIN M，et al.，2015. Earthworm services for cropping systems，a review[J]. Agronomy for Sustainable Development，35（2）：553−567.
BINKLEY D，2002. Ten year decomposition in a loblolly pine forest[J]. The Canadian Journal of Forest Research，32（12）：2231−2235.
BLAIR J M，1988. Nitrogen，sulfur and phosphorus dynamics in decomposing deciduous leaf litter in the southern appalachians[J]. Soil Biology and Biochemistry，20（5）：693−701.
BOREEN A L，EDHLUND B L，COTNER J B，et al.，2008. Indirect photodegradation of dissolved free amino acids：the contribution of singlet oxygen and the differential reactivity of DOM from various sources[J]. Environmental

Science and Technology, 42 (15): 5492–5498.

BRADFORD M A, BERG B, MAYNARD D S, et al., 2016. Understanding the dominant controls on litter decomposition[J]. Journal of Ecology, 104 (1): 229–238.

BRANDT L A, BOHNET C, KING J Y, 2009. Photochemically induced carbon dioxide production as a mechanism for carbon loss from plant litter in arid ecosystems[J]. Journal of Geophysical Research-Biogeosciences, 114: 116.

BRANDT L A, KING J Y, HOBBIE S E, et al., 2010. The role of photodegradation in surface litter decomposition across a grassland ecosystem precipitation gradient[J]. Ecosystems, 13 (5): 765–781.

BRANDT L A, KING J Y, MILCHUNAS D G, 2007. Effects of ultraviolet radiation on litter decomposition depend on precipitation and litter chemistry in a shortgrass steppe ecosystem[J]. Global Change Biology, 13 (10): 2193–2205.

BRIEDIS C, SÁ J C D M, CAIRES E F, et al., 2012. Soil organic matter pools and carbon-protection mechanisms in aggregate classes influenced by surface liming in a no-till system[J]. Geoderma, 170 (1): 80–88.

BRYANT D M, HOLLAND E A, SEASTEDT T R, et al., 1998. Analysis of litter decomposition in an alpine tundra[J]. Canadian Journal of Botany, 76 (7): 1295–1304.

CAPORASO J G, KUCZYNSKI J, STOMBAUGH J, et al., 2010. QIIME allows analysis of high-throughput community sequencing data[J]. Nature Methods, 7 (5): 335–336.

CHAMBERLAIN P, MCNAMARA N, CHAPLOW J, et al., 2006. Translocation of surface litter carbon into soil by Collembola[J]. Soil Biology and Biochemistry, 38 (9): 2655–2664.

CHAPMAN S K, NEWMAN G S, 2010. Biodiversity at the plant-soil interface: microbial abundance and community structure respond to litter mixing[J]. Oecologia, 162 (3): 763–769.

CHENG M S, 2015. Responses of soil nitrogen, phosphorous and organic matter to vegetation succession on the Loess Plateau of China[J]. Journal of Arid Land, 7:

216–223.

CHOMEL M，FERNANDEZ C，BOUSQUET-MÉLOU A，et al.，2014. Secondary metabolites of *Pinus halepensis* alter decomposer organisms and litter decomposition during afforestation of abandoned agricultural zones[J]. Journal of Ecology，102（2）：411–424.

COGULET A，BLANCHET P，LANDRY V，2016. Wood degradation under UV irradiation：a lignin characterization[J]. Journal of Photochemistry and Photobiology B：Biology，158：184–191.

COLEMAN D C，CROSSLEY D A J，1996. Fundamentals of soil ecology[M]. San Diego，CA：Academic Press.

CORY R M，MCNEILL K，COTNER J P，et al.，2010. Singlet oxygen in the coupled photochemical and biochemical oxidation of dissolved organic matter[J]. Environmental Science and Technology，44（10）：3683–3689.

DAY T A，BLISS M S，2020. Solar photochemical emission of CO_2 from leaf litter：sources and significance to C loss[J]. Ecosystems，23（7）：1344–1361.

DAY T A，GUENON R，RUHLAND C T，2015. Photodegradation of plant litter in the Sonoran Desert varies by litter type and age[J]. Soil Biology and Biochemistry，89：109–122.

DAY T A，ZHANG E T，RUHLAND C T，2007. Exposure to solar UV-B radiation accelerates mass and lignin loss of Larrea tridentata litter in the Sonoran Desert[J]. Plant Ecology，193（2）：185–194.

DE′ATH G，2007. Boosted trees for ecological modeling and prediction[J]. Ecology，88（1）：243–251.

DEJONGHE W，BOON N，SEGHERS D，et al.，2001. Bioaugmentation of soils by increasing microbial richness：missing links[J]. Environmental Microbiology，3（10）：649–657.

DONNISON L M，GRIFFITH G S，BARDGETT R D，2000. Determinants of fungal growth and activity in botanically diverse haymeadows：effects of litter type and fertilizer additions[J]. Soil Biology and Biochemistry，32（2）：289–294.

DU J, ZHANG Y, GUO W, et al., 2018. Chronic impacts of TiO_2 nanoparticles on *Populus nigra* L. leaf decomposition in freshwater ecosystem[J]. Journal of Hazardous Materials, 350: 121–127.

DUNBERG A, 1982. Why beech and oak trees retain leaves until spring: a comment on the contribution by Otto and Nilsson[J]. Oikos, 39（2）: 275–277.

EDWARDS J L. SMITH D L, CONNOLLY J, et al., 2010. Identification of carbohydrate metabolism genes in the metagenome of a marine biofilm community shown to be dominated by gammaproteobacteria and bacteroidetes[J]. Genes, 1（3）: 371–384.

ERDENEBILEG E, YE X, WANG C, et al., 2018. Positive and negative effects of UV irradiance explain interaction of litter position and UV exposure on litter decomposition and nutrient dynamics in a semi-arid dune ecosystem[J]. Soil Biology and Biochemistry, 124: 245–254.

FENG Y, MOT TA A C, REEVES D W, et al., 2003. Soil microbial communities under conventional-till and no-till continuous cotton systems[J]. Apply Environment Microbiology, 35: 1693–1703.

FOEREID B, BELLARBY J, MEIER-AUGENSTEIN W, et al., 2010. Does light exposure make plant litter more degradable? [J]. Plant and Soil, 333（1–2）: 275–285.

FREY S D, ELLIOTT E T, PAUSTIAN K, et al., 2000. Fungal translocation as a mechanism for soil nitrogen inputs to surface residue decomposition in a no-tillage agroecosystem[J]. Soil Biology and Biochemistry, 32（5）: 689–698.

FROUZ J, ROUBÍČKOVÁ A, HEDĚNEC P, et al., 2015. Do soil fauna really hasten litter decomposition? A meta-analysis of enclosure studies[J]. European Journal of Soil Biology, 68（264）: 18–24.

GALLO M E, PORRAS-ALFARO A, ODENBACH K J, 2009. Photoacceleration of plant litter decomposition in an arid environment[J]. Soil Biology and Biochemistry, 41（7）: 1433–1441.

GAO H L, QIU L P, ZHANG Y J, et al., 2013. Distribution of organic carbon and nitrogen in soil aggregates of aspen（*Populus simonii* Carr.）woodlands in the semi-arid Loess Plateau of China[J]. Soil Research，51：406–414.

GARCIA-PALACIOS P，MAESTRE F T，KATTGE J，et al.，2013. Climate and litter quality differently modulate the effects of soil fauna on litter decomposition across biomes[J]. Ecology Letters，16（8）：1045–1053.

GARTNER B，CARDON Z G，2004. Decomposition dynamics in mixed-species leaf litter[J]. Oikos，104：230–246.

GERGÓCS V，HUFNAGEL L，2016. The effect of microarthropods on litter decomposition depends on litter quality[J]. European Journal of Soil Biology，75：24–30.

GESSNER M O，BAUCHROWITZ M A，ESCAUTIER M，1991. Extraction and quantification of ergosterol as a measure of fungal biomass in leaf litter[J]. Microbial Ecology，22（3）：285–291.

GIEBELMANN U C，MARTINS K G，BRANDLE M，et al.，2013. Lack of home-field advantage in the decomposition of leaf litter in the Atlantic Rainforest of Brazil[J]. Apply Soil Ecology，49：5–10.

GLIKSMAN D，NAVON Y，DUMBUR R，et al.，2018. Higher rates of decomposition in standing vs. surface litter in a Mediterranean ecosystem during the dry and the wet seasons[J]. Plant and Soil，428（1）：427–439.

GONZÁLEZ G，SEASTEDT T R，2001. Soil fauna and plant litter decomposition in tropical and subalpine forests[J]. Ecology，82（4）：955–964.

GRANDY A S，WIEDER W R，WICKINGS K，et al.，2016. Beyond microbes：are fauna the next frontier in soil biogeochemical models?[J]. Soil Biology and Biochemistry，102：40–44.

GRAYST S J，WANG S，CAMPBELL C D，et al.，1998. Selective influence of plant species on microbial diversity in the rhizosphere[J]. Soil Biology and Biochemistry，30：369–378.

GUO C，CORNELISSEN J H C，ZHANG Q，et al.，2019. Functional evenness of N-to-P ratios of evergreen-deciduous mixtures predicts positive non-additive effect on leaf litter decomposition[J]. Plant and Soil，436（1）：299–309.

GÜSEWELL S，GESSNER M O，2009. N：P ratios influence litter decomposition and colonization by fungi and bacteria in microcosms[J]. Functional Ecology, 23: 211–219.

HANSEN J E, SATO M, RUEDY R, et al., 1998. Global climate data and models: a reconciliation[J]. Science, 281: 930–932.

HÄTTENSCHWILER S, TIUNOV A V, SCHEU S, 2005. Biodiversity and litter decomposition in terrestrial ecosystems[J]. Annual Review of Ecology, Evolution, and Systematics, 36 (1): 191–218.

HE L, MAZZA RODRIGUES J L, SOUDZILOVSKAIA N A, et al., 2020. Global biogeography of fungal and bacterial biomass carbon in topsoil[J]. Soil Biology and Biochemistry, 151: 108024.

HEIJDEN M G A V D, BARDGETT R D, STRAALEN N M V, 2008. The unseen majority: soil microbes as drivers of plant diversity and productivity in terrestrial ecosystems[J]. Ecology Letters, 11 (3): 296–310.

HERNES P J, BENNER R, 2003. Photochemical and microbial degradation of dissolved lignin phenols: implications for the fate of terrigenous dissolved organic matter in marine environments[J]. Journal of Geophysical Research: Oceans, 108: 3291.

HOFRICHTER M, LUNDELL T, HATAKKA A, 2001. Conversion of milled pine wood by manganese peroxidase from *Phlebia radiata*[J]. Applied and Environmental Microbiology, 67 (10): 4588–4593.

HOU P C L, ZOU X, HUANG C Y, et al., 2005. Plant litter decomposition influenced by soil animals and disturbance in a subtropical rainforest of Taiwan[J]. Pedobiologia, 49 (6): 539–547.

HUANG G, LI Y, 2017. Photodegradation effects are related to precipitation amount, precipitation frequency and litter traits in a desert ecosystem[J]. Soil Biology and Biochemistry, 115: 383–392.

JI Y, LI Q, TIAN K, et al., 2020. Effect of sodium amendments on the home-field advantage of litter decomposition in a subtropical forest of China[J]. Forest Ecology and Management, 468: 118148.

JIANG H, PAN Y, LIANG J, et al., 2022. UV radiation doubles microbial degradation of standing litter in a subtropical forest[J]. Journal of Ecology，110（9）：2156–2166.

KAISER O，PUHLER A，SELBIT SCHKA W，2001. Phylogenetic analysis of microbial diversity in the rhizoplane of oilseed rape（*Brassica napus* cv. *WESTAR*）employing cultivation-dependent and cultivation-independent approaches[J]. Microbiology Ecology，42：136–149.

KIM H T，2016. The vegetation，soil characteristics，and soil microarthropods of maebongsan urban forest in Cheongju-si，Korea[J]. Journal of the Korea Society of Environmental Restoration Technology，6（19）：1–17.

KING J Y，BRANDT L A，ADAIR E C，2012. Shedding light on plant litter decomposition：advances，implications and new directions in understanding the role of photodegradation[J]. Biogeochemistry，111（1–3）：57–81.

KISSELLE K W，ZEPP R G，BURKE R A，et al.，2002. Seasonal soil fluxes of carbon monoxide in burned and unburned Brazilian savannas[J]. Journal of Geophysical Research：Atmospheres，107（20）：1811–1812.

KNOEPP J D，COLEMAN D C，CROSSLEY D A，2000. Biological indices of soil quality an ecosystem case study of their use[J]. Forest Ecology and Management，138（1–3）：357–368.

KOEHL M，LASCO R，CIFUENTES M，et al.，2015. Changes in forest production，biomass and carbon：results from the 2015 UN FAO Global Forest Resource Assessment[J]. Forest Ecology and Management，352：21–34.

KOTILAINEN T，SETÄLÄ H，ALATALO I，et al.，2004. Impacts of chitinase-transformed silver birch on leaf decomposition and soil organisms[J]. European Journal of Soil Biology，40（3–4）：155–161.

KRAMER C，GLEIXNER G，2006. Variable use of plant-and soil-derived carbon by microorganisms in agricultural soils[J]. Soil Biology and Biochemistry，38（11）：3267–3278.

KRAUS T E C，ZASOSKI R J，DAHLGREN R A，et al.，2004. Carbon and nitrogen dynamics in a forest soil amended with purified tannins from different plant species[J]. Soil Biology and Biochemistry，36（2）：309–321.

KRISHNA M P，MOHAN M，2017. Litter decomposition in forest ecosystems：a review[J]. Energy Ecology and Environment，2（4）：236–249.

KYLE W，STUART G A，SASHA C R，et al.，2012. The origin of litter chemical complexity during decomposition[J]. Ecology Letters，15：1180–1188.

LAVELLE P，BLANCHART E，MARTIN A，et al.，1993. A hierarchical model for decomposition in terrestrial ecosystems：application to soils of the humid tropics[J]. Biotropica，25（2）：130–150.

LI C J，GAO J H，NAN Z B，2007. Interactions of *Neotyphodium gansuense*，*Achnatherum inebrians*，and plant-pathogenic fungi[J]. Mycological Research（10）：1220–1227.

LI D，JU W，LU D，et al.，2015. Impact of estimated solar radiation on gross primary productivity simulation in subtropical plantation in southeast China[J]. Solar Energy，120：175–186.

LI J，ZIEGLER S，LANE C，et al.，2012. Warming-enhanced preferential microbial mineralization of humified boreal forest soil organic matter：interpretation of soil profiles along a climate transect using laboratory incubations[J]. Journal of Geophysical Research：Atmospheres，117（2）：1–13.

LI X，YIN X，WANG Z，et al.，2015. Litter mass loss and nutrient release influenced by soil fauna of *Betula ermanii* forest floor of the Changbai Mountains，China[J]. Applied Soil Ecology，95：15–22.

LIAO H，LONG J，LI J，2015. Soil organic carbon associated in size-fractions as affected by different land uses in karst region of Guizhou，Southwest China[J]. Environmental Earth Sciences，74（9）：6877–6886.

LIAO Y F，WANG W Y，ZHANG L，et al.，2007. Distribution of biologically effective solarultraviolet radiation intensity on the ground in China[J]. Geographical Research，26（2）：821–828.

LIN H，HE Z，HAO J，et al.，2017. Effect of N addition on home-field advantage of litter decomposition in subtropical forests[J]. Forest Ecology and Management，398：216–225.

LIN Y，KARLEN S D，RALPH J，et al.，2018. Short-term facilitation of microbial litter decomposition by ultraviolet radiation[J]. Science of the Total Environment，615：838–848.

LIN Y，KING J Y，2014. Effects of UV exposure and litter position on decomposition in a California grassland[J]. Ecosystems，17（1）：158–168.

LIN Y，KING J Y，KARLEN S D，et al.，2015. Using 2D NMR spectroscopy to assess effects of UV radiation on cell wall chemistry during litter decomposition[J]. Biogeochemistry，125（3）：427–436.

LISKI J，NISSINEN A，ERHARD M，et al.，2003. Climatic effects on litter decomposition from arctic tundra to tropical rainforest[J]. Global Change Biology，9（4）：575–584.

LIU J，LIU S，LI Y，et al.，2017. Warming effects on the decomposition of two litter species in model subtropical forests[J]. Plant and Soil，420（1）：277–287.

LIU L，GUNDERSEN P，ZHANG T，et al.，2012. Effects of phosphorus addition on soil microbial biomass and community composition in three forest types in tropical China[J]. Soil Biology and Biochemistry，44（1）：31–38.

LIU P，HUANG J，SUN O J，et al.，2010. Litter decomposition and nutrient release as affected by soil nitrogen availability and litter quality in a semiarid grassland ecosystem[J]. Oecologia，162（3）：771–780.

LIU R，PAN Y，FANG Y，et al.，2021. Effects of heavy metalmediated intraspecific variation in leaf litter on the feeding preferences of stream detritivores[J]. Science of the Total Environment，763：144591.

LOGAN J R，BARNES P，EVANS S E，2022. Photodegradation of plant litter cuticles enhances microbial decomposition by increasing uptake of non-rainfall moisture[J]. Functional Ecology，36（7）：1727–1738.

MACKAY J E，CUNNINGHAM S C，CAVAGNARO T R，2016. Riparian reforestation：are there changes in soil carbon and soil microbial communities?[J]. Science of the Total Environment，567：960–967.

MAKULEC I K，OLEJNICZAK I，SZANSER M，2006. Response of soil micro- and mesofauna to diversity and quality of plant litter[J]. European Journal of Soil Biology，42（11）：244–249.

MANZONI S, JACKSON R B, TROFYMOW J A, et al., 2008. The global stoichiometry of litter nitrogen mineralization[J]. Science, 321（5889）: 684-686.

MAO R, WU P, XU J, et al., 2021. Leaf litter decomposition in the air should not be ignored in subtropical plantations of China[J]. Forest Ecology and Management, 499: 119614.

MARINHO O A, MARTINELLI L A, DUARTE-NETO P J, et al., 2020. Photodegradation influences litter decomposition rate in a humid tropical ecosystem, Brazil[J]. Science of the Total Environment, 715: 136601.

MATSON P A, 2011. Principles of terrestrial ecosystem ecology[M]. Second Edition. New York: Springer.

MCDONALDD, PRICE M N, GOODRICH J, et al., 2012. An improved Greengenes taxonomy with explicit ranks for ecological and evolutionary analyses of bacteria and archaea[J]. The International Society for Microbial Ecology Journal. 6: 610–618.

MEENTEMEYER V, 1978. Macroclimate and lignin control of litter decomposition rates[J]. Ecology, 59（3）: 465-472.

MEIER C L, BOWMAN W D, 2008. Links between plant litter chemistry, species diversity, and below-ground ecosystem function[J]. Processdings of the National Academy of Sciences of the United States of America, 105: 19780-19785.

MÉNDEZ M S, MARTINEZ M L, ARAUJO P I, et al., 2019. Solar radiation exposure accelerates decomposition and biotic activity in surface litter but not soil in a semiarid woodland ecosystem in Patagonia, Argentina[J]. Plant and Soil, 445（1）: 483-496.

MEYER W M, OSTERTAG R, COWIE R H, 2011. Macro-invertebrates accelerate litter decomposition and nutrient release in a Hawaiian rainforest[J]. Soil Biology and Biochemistry, 43（1）: 206-211.

MILTON Y, KASPARI M, 2007. Bottom-up and top-down regulation of decomposition in a tropical forest[J]. Oecologia, 153（1）: 163-172.

MINGO A, OESTERHELD M, 2009. Retention of dead leaves by grasses as a defense against herbivores. A test on the palatable grass *Paspalum dilatatum*[J].

Oikos，118（5）：753−757.

MOORE T R，TROFYMOW J A，PRESCOTT C E，et al.，2011. Nature and nurture in the dynamics of C，N and P during litter decomposition in Canadian forests[J]. Plant and Soil，339（1/2）：163−175.

MORO M J，DOMINGO F，2000. Litter decomposition in four woody species in a Mediterranean climate：weight loss，N and P dynamics[J]. Annals of Botany，6（86）：1065−1071.

MURTY D，KIRSCHBAUM M U F，MCMURTRIE R E，et al.，2002. Does conversion of forest to agricultural land change soil carbon and nitrogen? A review of the literature[J]. Global Change Biology，8（2）：105−123.

NACKE H，THÜRMER A，WOLLHERR A，2011 . Pyrosequencing-based assessment of bacterial community structure along different management types in German forest and grassland soils[J]. PLoS One，6（2）：17000.

NEWELL S Y，ARSUFFI T L，FALLON R D，1988. Fundamental procedures for determining ergosterol content of decaying plant-material by liquid-chromatography[J]. Applied and Environmental Microbiology，54（7）：1876−1879.

OLSON J S，1963. Energy storage and the balance of producers and decomposers in ecological systems[J]. Ecology，44：322−331.

ORMENO E，BALDY V，BALLINI C，et al.，2006. Effects of environmental factors and leaf chemistry on leaf litter colonization by fungi in a Mediterranean shrubland[J]. Pedobiologia，50（1）：1−10.

OSONO T，TAKEDA H，2004. Potassium，calcium，and magnesium dynamics during litter decomposition in a cool temperate forest[J]. Journal of Forest Research，9（1）：23−31.

OTTO C，NILSSON L M，1981. Why do beech and oak trees retain leaves until spring?[J]. Oikos，37（3）：387−390.

PANKRATOV T A，DEDYSH S N，ZAVARZIN G A，2006. The leading role of actinobacteria in aerobic cellulose degradation in Sphagnum peat bogs[J]. Doklady Biological Sciences，410（1）：428−430.

PARSONS S A，VALDEZ-RAMIREZ V，CONGDON R A，et al.，2014.

Contrasting patterns of litterfall seasonality and seasonal changes in litter decomposability in a tropical rainforest region[J]. Biogeosciences, 11: 7901–7929.

PARTON W, SILVER W L, BURKE I C, et al., 2007. Global-scale similarities in nitrogen release patterns during long-term decomposition[J]. Science, 315 (5810): 361–364.

PÉREZ-HARGUINDEGUY N, DÍAZ S, CORNELISSEN J, et al., 2000. Chemistry and toughness predict leaf litter decomposition rates over a wide spectrum of functional types and taxa in central Argentina[J]. Plant and Soil, 218 (1): 21–30.

PIERISTÈ M, NEIMANE S, SOLANKI T, et al., 2020. Ultraviolet radiation accelerates photodegradation under controlled conditions but slows the decomposition of senescent leaves from forest stands in southern Finland[J]. Plant Physiology and Biochemistry, 146: 42–54.

PONGE J F, 2013. Plant–soil feedbacks mediated by humus forms: a review[J]. Soil Biology and Biochemistry, 57 (2): 1048–1060.

PU G, DU J, MA X, et al., 2014. Contribution of ambient atmospheric exposure to *Typha angustifolia* litter decomposition in aquatic environment[J]. Ecological Engineering, 67: 144–149.

RAICH J W, TUFEKCIOGLU A, 2000. Vegetation and soil respiration: correlations and controls[J]. Biogeochemistry, 48 (1): 71–90.

RALTE V, PANDEY H N, BARIK S K, et al., 2005. Changes in microbial biomass and activity in relation to shifting cultivation and horticultural practices in subtropical evergreen forest ecosystem of north-east India[J]. Acta Oecologica, 28 (2): 163–172.

READ J, SANSON G D, 2003. Characterizing sclerophylly: the mechanical properties of a diverse range of leaf types[J]. New Phytologist, 160 (1): 81–99.

ROMANÍ A, FISCHER H, MILLE-LINDBLOM C, et al., 2006. Interactions of bacteria and fungi on decomposing litter: differential extracellular enzyme activities[J]. Ecology, 87: 2559–2569.

ROUSK J，BAATH E，BROOKES P C，et al.，2010. Soil bacterial and fungal communities across a pH gradient in an arable soil[J]. The International Society for Microbial Ecology Journal，4（10）：1340–1351.

RUSTAD L E，CRONAN C S，1988. Element loss and retention during litter decay in a red spruce stand in Maine[J]. Canadian Journal of Forest Research，18（7）：947–953.

RUZICKA S，NORMAN M D P，HARRIS J A，1995. Rapid ultrasonication method to determine ergosterol concentration in soil[J]. Soil Biology and Biochemistry，27（9）：1215–1217.

SANTONJA M，FOUCAULT Q，RANCON A，et al.，2018. Contrasting responses of bacterial and fungal communities to plant litter diversity in a Mediterranean oak forest[J]. Soil Biology and Biochemistry，125：27–36.

SAUVADET M，CHAUVAT M，CLUZEAU D，et al.，2016. The dynamics of soil micro-food web structure and functions vary according to litter quality[J]. Soil Biology and Biochemistry，95：262–274.

SHAO S，ZHAO Y，ZHANG W，et al.，2017. Linkage of microbial residue dynamics with soil organic carbon accumulation during subtropical forest succession[J]. Soil Biology and Biochemistry，114：114–120.

SIGLER W V，TURCO R F，2002. The impact of chlorothalonil application on soil bacterial and fungal populations as assessed by denaturing gradient gel electrophoresis[J]. Apply Environment Microbiology，21：107–118.

SMOLANDER A，KITUNEN V，2002. Soil microbial activities and characteristics of dissolved organic C and N in relation to tree species[J]. Soil Biology and Biochemistry，34：651–660.

SOONG J L，VANDEGEHUCHTE M L，HORTON A J，et al.，2016. Soil microarthropods support ecosystem productivity and soil C accrual：evidence from a litter decomposition study in the tallgrass prairie[J]. Soil Biology and Biochemistry，92：230–238.

SPEDDING T A，HAMEL C，MEHUGS G R，et al.，2004. Soil microbial dynamics maize-growing soil under different tillage and residue management systems[J]. Apply Environment Microbiology，36：499–512.

STRICKLAND M S，OSBURN E，LAUBER C，et al.，2009. Litter quality is in the eye of the beholder：initial decomposition rates as a function of inoculum characteristics[J]. Functional Ecology，23（3）：627–636.

SUN S，WENG Y，DI X，et al.，2020. Screening of cellulose-degrading fungi in forest litter and fungal effects on litter decomposition[J]. BioResources，15：2937–2946.

SWIFT M J，HEAL O W，ANDERSON J M，1979. Decomposition in terrestrial ecosystems[J]. Quarterly Review of Biology，83（14）：2772–2774.

TAYLOR J P，WILSON B，MILLS M S，et al.，2002. Comparison of microbial numbers and enzymatic activities in surface soils and subsoils using various techniques[J]. Soil Biology and Biochemistry，34（3）：387–401.

TENNEY F G，WAKSMAN S A，1929. Composition of natural organic materials and their decomposition in the soil：Ⅳ. The nature and rapidity of decomposition of the various organic complexes in different plant materials，under aerobic conditions[J]. Soil Science，28（1）：55.

TIAN Q，TANIGUCHI T，SHI W Y，et al.，2017. Land-usetypes and soil chemical properties influencesoil microbial communities in the semiarid Loes Plateau regionin China[J]. Scientific Reports，7：45289.

ULLAH M R，CARRILLO Y，DIJKSTRA F A，2023. Relative contributions of fungi and bacteria to litter decomposition under low and high soil moisture in an Australian grassland[J]. Applied Soil Ecology，182：104737.

VANSOEST P J，ROBERTSON J B，LEWIS B A，1991. Methods for dietary fiber，neutral detergent fiber，and nonstarch polysaccharides in relation to animal nutrition[J]. Journal of Dairy Science，74（10）：3583–3597.

VITOUSEK P M，TURNER D R，PARTON W J，et al.，1994. Litter decomposition on the Mauna Loa environmental matrix，Hawai：patterns，mechanisms，and models[J]. Ecology，75（2）：418–429.

WAN X H，HUANG Z Q，HE Z M，et al.，2015. Soil C：N ratio is the major determinant of soil microbial community structure in subtropical coniferous and broadleaf forest plantations[J]. Plant and Soil，387（1-2）：103-116.

WANG J，LIU L，WANG X，et al.，2017. High night-time humidity and dissolved organic carbon content support rapid decomposition of standing litter in a semi-arid landscape[J]. Functional Ecology，31（8）：1659-1668.

WANG J，YANG S，ZHANG B，et al.，2017. Temporal dynamics of ultraviolet radiation impacts on litter decomposition in a semi-arid ecosystem[J]. Plant and Soil，419（1）：71-81.

WANG Q，PIERISTE M，LIU C，et al.，2021. The contribution of photodegradation to litter decomposition in a temperate forest gap and understorey[J]. New Phytologist，229（5）：2625-2636.

WANG S J，RUAN H H，WANG B，2009. Effects of soil microarthropods on plant litter decomposition across an elevation gradient in the Wuyi Mountains[J]. Soil Biology and Biochemistry，41（5）：891-897.

WANG Z，YIN X，LI X，2015. Soil mesofauna effects on litter decomposition in the coniferous forest of the Changbai Mountains，China[J]. Applied Soil Ecology，92：64-71.

WARDLE D A，BARDGETT R D，KLIRONOMOS J N，et al.，2004. Ecological linkages between aboveground and belowground biota[J]. Science，304（5677）：1629-1633.

WARDLE D，NICHOLSON K，1996. Synergistic effects of grassland plant species on soil microbial biomass and activity：implications for ecosystem-level effects of enriched plant diversity[J]. Functional Ecology，10（3）：410-416.

WELSCH M，YAVITT J B，2003. Early stages of decay of *Lythrum salicaria* L. and *Typha latifolia* L. in a standing-dead position[J]. Aquatic Botany，75（1）：45-57.

WICKINGS K，GRANDY A S，2011. The oribatid mite *Scheloribates moestus*（Acari：Oribatida）alters litter chemistry and nutrient cycling during decomposition[J]. Soil Biology and Biochemistry，43（2）：351-358.

WU C，ZHANG Z，WANG H，et al.，2018. Photodegradation accelerates coarse woody debris decomposition in subtropical Chinese forests[J]. Forest Ecology and Management，409：225-232.

WU X，LIN Z，CHEN M，et al.，2012. Soil organic carbon and its relationship to vegetation communities and soil properties in permafrost areas of the Central Western Qinghai-Tibet Plateau，China[J]. Permafrost Periglacial Processes，23（2）：162–169.

XIN W D，YIN X Q，SONG B，2012. Contribution of soil fauna to litter decomposition in Songnen sandy lands in northeastern China[J]. Journal of Arid Environments，77：90–95.

XU Z，YU G，ZHANG X，et al.，2017. Soil enzyme activity and stoichiometry in forest ecosystems along the North-South Transect in eastern China（NSTEC）[J]. Soil Biology and Biochemistry，104：152–163.

XUE L，REN H，LI S，et al.，2017. Soil bacterial community structure and co-occurrence pattern during vegetation restoration in karst rocky desertification area[J]. Frontiers in Microbiology，8：23–77.

YANG X，CHEN J，2009. Plant litter quality influences the contribution of soil fauna to litter decomposition in humid tropical forests，southwestern China[J]. Soil Biology and Biochemistry，41（5）：910–918.

YOSHITAKE S，FUJIYOSHI M，WATANABE K，et al.，2013. Successional changes in the soil microbial community along a vegetation development sequence in a subalpine volcanic desert on Mount Fuji，Japan[J]. Plant and Soil，364（1-2）：261–272.

YUE K，NI X，FORNARA D A，et al.，2021. Dynamics of calcium，magnesium，and manganese during litter decomposition in alpine forest aquatic and terrestrial ecosystems[J]. Ecosystems，24（3）：516–529.

ZHANG G，ZENG G M，HUANG G H，et al.，2006. Deposition pattern of precipitation and throughfall in a subtropical evergreen forest in south-central China[J]. Journal of Forest Research，11（6）：389–396.

ZHANG L，GAO J，2009. Molecular identification and diversity analyses of fungi associated with ascomata of *Shiraia bambusicola* from southern Anhui Province，eastern China[J]. Journal of Beijing Forestry University，31（6）：19–26.

ZHANG W，ZHAO J，PAN F J，et al.，2015. Changes in nitrogen and phosphorus limitation during secondary succession in a karst region in southwest China[J]. Plant and Soil，391：77–91.

ZHENG H，CHEN Y，LIU Y，et al.，2018. Litter quality drives the differentiation of microbial communities in the litter horizon across an alpine treeline ecotone in the eastern Tibetan Plateau[J]. Scientific Reports，8（1）：10029.

ZHOU G，GUAN L，WEI X，et al.，2007. Litterfall production along successional and altitudinal gradients of subtropical monsoon evergreen broadleaved forests in Guangdong，China[J]. Plant Ecology，188（1）：77–89.

ZHU Y F，GUO L，2011. *Xylaria hainanensis* sp. nov.（Xylariaceae） from China[J]. Mycosystema，30（4）：526–528.

ZINGER L，LEJON D P，BAPTIST F，et al.，2011. Contrasting diversity patterns of crenarchaeal，bacterial and fungal soil communities in an Alpine Landscape[J]. PLoS One，6（5）：e19950.

ZUKSWERT J M，PRESCOTT C E，2017. Relationships among leaf functional traits，litter traits，and mass loss during early phases of leaf litter decomposition in 12 woody plant species[J]. Oecologia，185（2）：305–316.

附　录　土壤动物

附录1　节肢动物门（Arthropoda）

1.蜱螨目（Acari）

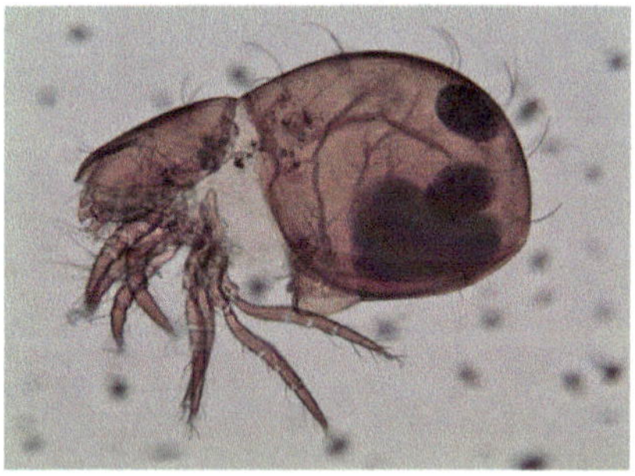

附图1　甲螨亚目（Oribatida）卷甲螨科（Phthiracaridae）直卷甲螨属（*Archoplophora*）

特征描述：甲螨（Oribatida）是一类体壁高度骨化的中、小型螨类，少数原始类群体壁柔弱。体长0.2～1.5 mm。体色多为褐色。螯肢钳状，具齿，少数种类延伸变长。须肢3～5节。口器有助螯器。气管系统分散，气门不明显。前足体具感器窝1对，感器发达。稀有眼。足跗节端部有3个爪或单爪，偶有2个爪。卷甲螨科（Phthiracaridae）盾区与后半体可折合，呈扁球形。

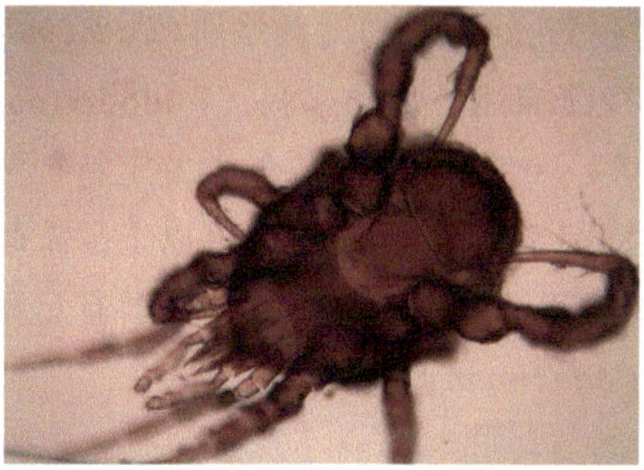

附图2　甲螨亚目（Oribatida）

特征描述：见附图1。

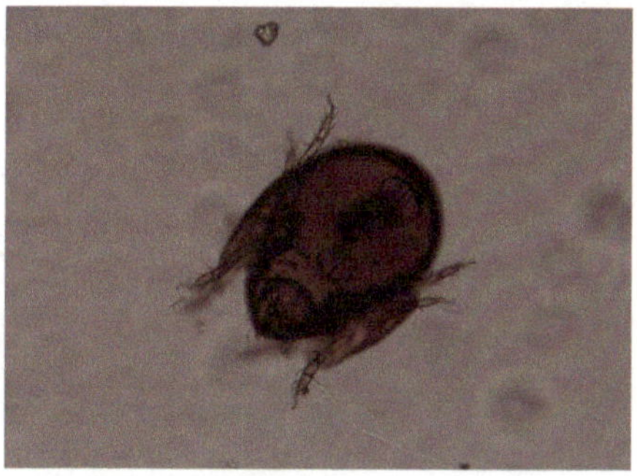

附图3　甲螨亚目（Oribatida）

特征描述：见附图1。

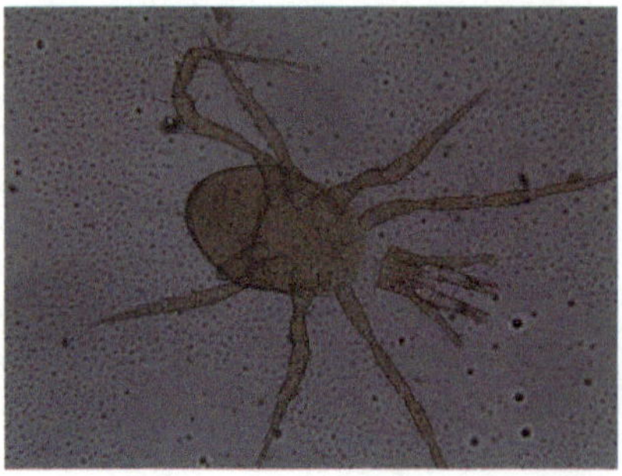

附图4　中气门亚目（Mesostigmata）美绥螨科（Ameroseiidae）美绥螨属（*Ameroseius*）

特征描述：中气门亚目（Mesostigmata）体长0.2～2.0 mm，第二至第四足基节外侧有1对明显的气门及与气门联系的气门沟，颚体背面有头盖，口下板毛3对，位于须肢跗节内基角的趾节为叉状毛等特征，很易与其他亚目螨类区别。美绥螨科（Ameroseiidae）体长0.3～0.5 mm，背板1块，表面有网纹或星状颗粒和刻纹。最易鉴别特征为雌成螨胸板仅有2对毛，第三胸毛位于胸板外。美绥螨属（*Ameroseius*）仅有肛板，螯角末端分叉。

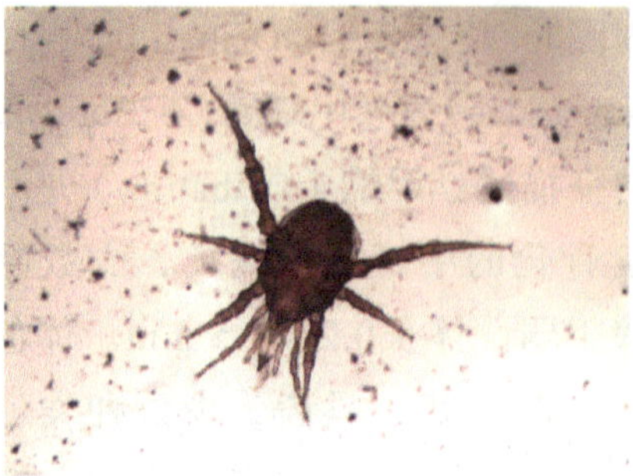

附图5　甲螨亚目（Oribatida）

特征描述：见附图1。

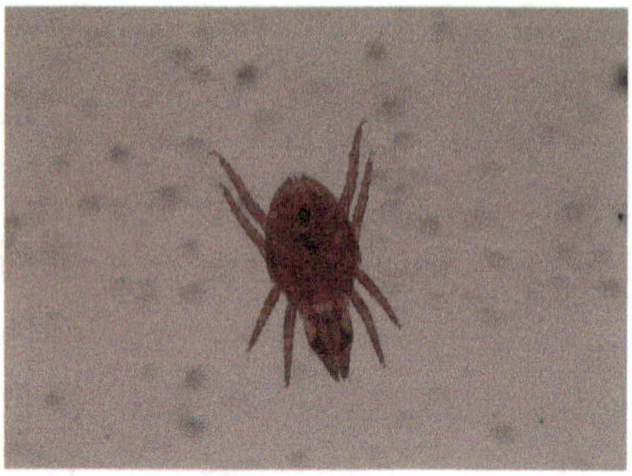

附图6　甲螨亚目（Oribatida）

特征描述：见附图1。

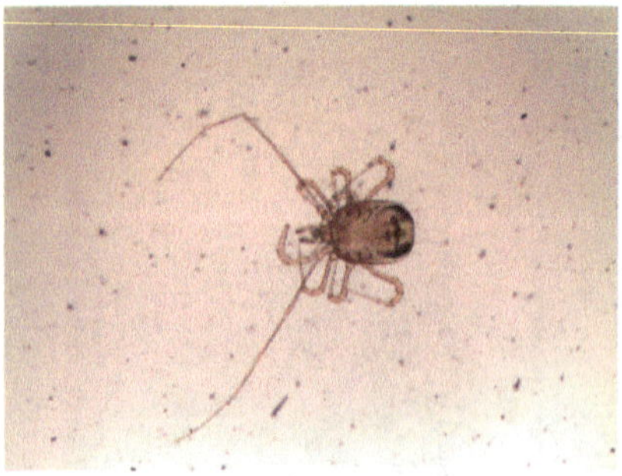

附图7　中气门亚目（Mesostigmata）足角螨科（Podocinidae）足角螨属（*Podocinum*）

特征描述：足角螨科（Podocinidae）体长0.4～0.8 mm。本科最大鉴定特征为第一足特别长，为体长的2.5倍以上，末端有2根长鞭毛。全世界有2属。我国有足角螨属（*Podocinum*）种类。

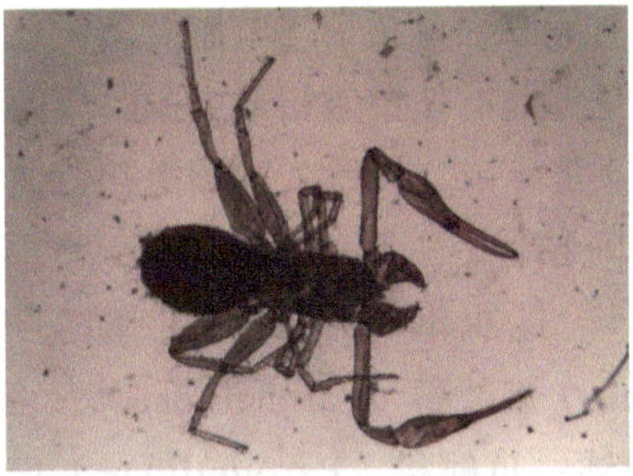

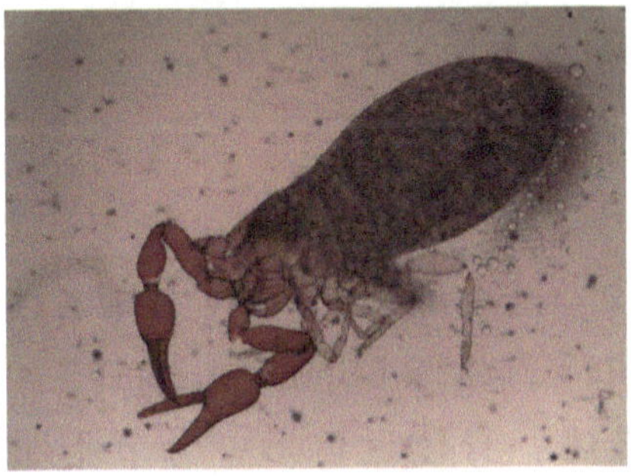

附图8（左上） 附图9（左下）节肢动物门（Arthropoda）蛛形纲（Arachnida）拟蝎目（Pseudoscorpionida）

特征描述：体小型，长一般在8 mm以下。头胸部有方形或三角形的背甲；两前侧角各有1个或2个眼，或无眼；无中眼。腹面无大的胸板，有时留一痕迹，主要由触肢和步足的基节组成。螯肢分掌节（末端延长成不动指）和可动指两部分，可动指上多数有兜状体（galea），为丝腺开口处。不动指和可动指的内缘分别有内锯突（serrula interna）和外锯突（serrula externa）。螯肢腹侧在近可动指的基部处有1列粗毛，称鞭状毛（flagellum）。触肢由6节组成，腿节长，与膝节间的关节可自由弯曲，后跗节由掌和不动指构成，跗节为不动指。触肢上有许多感觉毛。触肢内通常有毒腺，开口于一指或两指的末端。步足典型的为7节，即跗节分为2节；但有的跗节不分节，共6节。跗节末端有2个爪，爪间有一膜质爪垫。腹部由12节组成，但第12节小而朝下，背板和腹板融合成一个圆环，因而不明显。广泛分布于世界各地，已知3亚目，约2 000种。我国已记述10科28属47种，但国内研究较少。我国估计约有200种。

2.其他

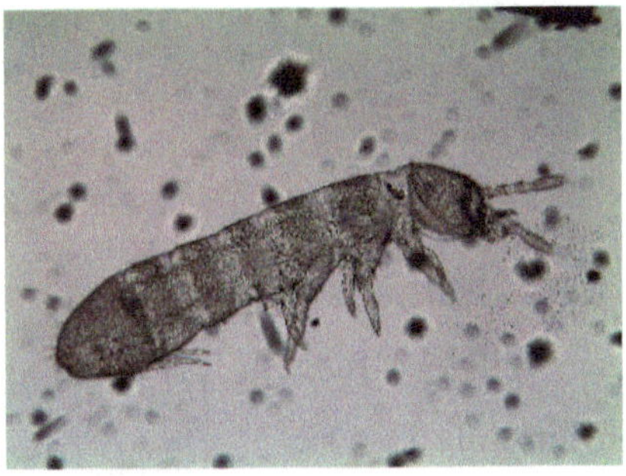

附图10 昆虫纲（Insecta）弹尾目（Collembola）棘蝌科（Onychiuridae）

特征描述：弹尾目（Collembola）通称跳虫，是个体较小、原生无翅而有腹肢的一个类群。身体分头、胸、腹3部分。头上具有分节的触角，触角4节，少数触角5节或6节，无真正的复眼。胸部3节，每节上有1对足。腹部6节，第Ⅰ、第Ⅲ和第Ⅳ腹节上分别生有腹管、握弹器和弹器3种特化的附肢。棘䖴科（Onychiuridae）头和身体上有假眼。触角第三节感觉器一般是由2个感觉棒和其两侧的感觉毛组成，在感觉棒前有体壁皱褶或突起，第四节尖端大多数无感觉突。角后器由2排平行的小泡组成。无眼。弹器退化，大多数种类无弹器。我国已报道13种，分布于全国各地。

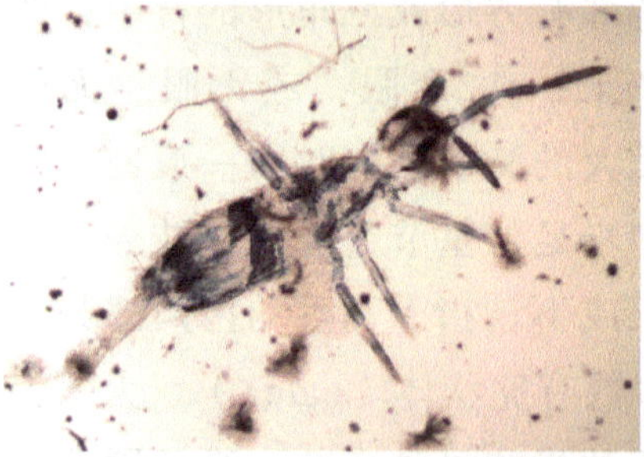

附图11　昆虫纲（Insecta）弹尾目（Collembola）爪䖴科（Paronellidae）

特征描述：爪䖴科（Paronellidae）身体有或无鳞片。有眼。小爪4翅状。末端圆胖。我国已报道9种。

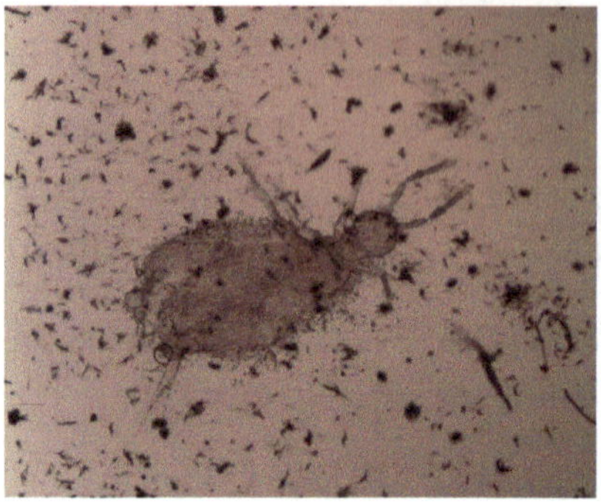

附图12　昆虫纲（Insecta）弹尾目（Collembola）圆䖴科（Sminthuridae）

特征描述：身体近球形，分节不明显。第Ⅴ腹节和第Ⅵ腹节明显地与前4个腹节分开。触角比头的直径长，第4节简单，有的分亚节，第3节感觉器有的基部有一乳突。爪有内齿、侧齿和外齿，有的有锯齿状爪间突和膜。握弹器前部有1～4根刚毛，后部小且无刚毛。端节匙状或水槽状，边缘光滑或有锯齿。大部分雌虫有简单的或分肢的亚肛附属物。我国已报道32种，分布于全国。

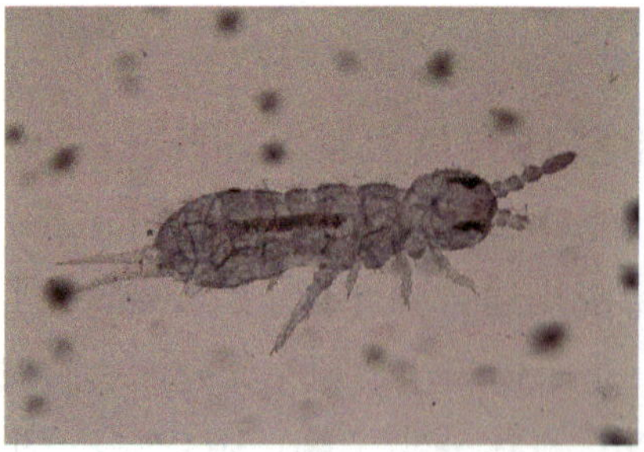

附图13　昆虫纲（Insecta）弹尾目（Collembola）

特征描述：见附图10。

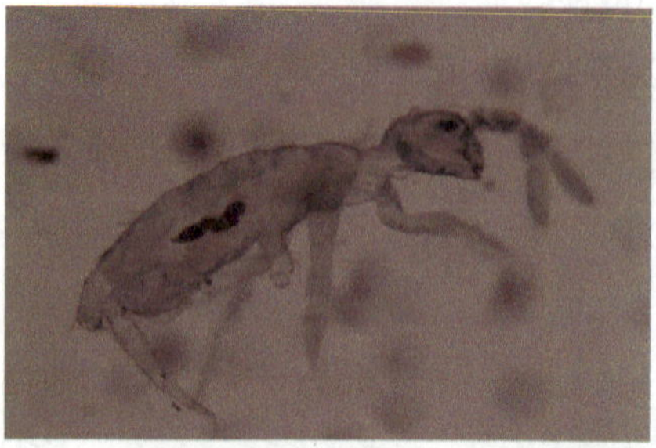

附图14　昆虫纲（Insecta）弹尾目（Collembola）

特征描述：见附图10。

附图15 昆虫纲（Insecta）膜翅目（Hymenoptera）切叶蚁亚科（Myrmicinae）

特征描述：切叶蚁亚科（Myrmicinae）的主要特征是各品级的腹柄结构由2节组成。

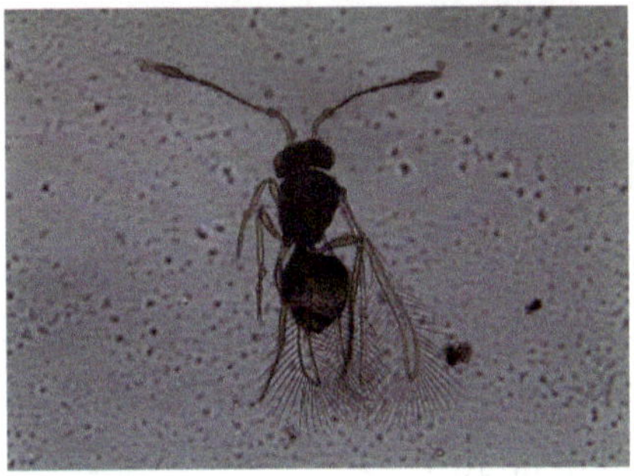

附图16 昆虫纲（Insecta）缨翅目（Thysanoptera）

特征描述：缨翅目（Thysanoptera）昆虫通称蓟马。体型小，体长一般为0.8～5.0 mm，也有少数体型较大的种类，体长可达10～14 mm，触角6～9节，口器锉吸式，口锥部对称。各足跗节1～2节，其端部具可伸缩的端泡。具有翅型和无翅型。翅狭长，边缘常具缨毛，翅脉显著退化。原始的种类仍保留横脉。缨翅目的分类特征，迄今为止，仍以成虫外部形态为主，常用的分类特征有触角的形状、节数及各节着生的感觉器的形状、数目；触角各节的色泽；前翅翅脉，翅面的斑纹及着生鬃的位置、数目；头部、胸部及腹部各节着生鬃数目、形状及着生的位置。

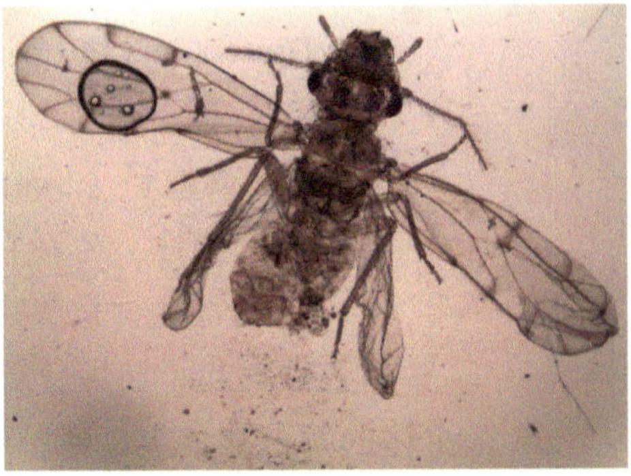

附图17 昆虫纲（Insecta）

特征描述：无。

附图18 昆虫纲（Insecta）鞘翅目成虫（Coleoptera adult）

特征描述：体小型至大型。外表皮多数场合较硬。前翅角质，休止时折叠于前翅下，有时缺。胸部前胸为最大，可活动，中胸与后胸多愈合，中胸缩窄，后胸常发达，口器咀嚼式，触角一般11节。在生物界中鞘翅目为种类最多的目。

附图19 昆虫纲（Insecta）鞘翅目成虫（Coleoptera adult）

特征描述：见附图18。

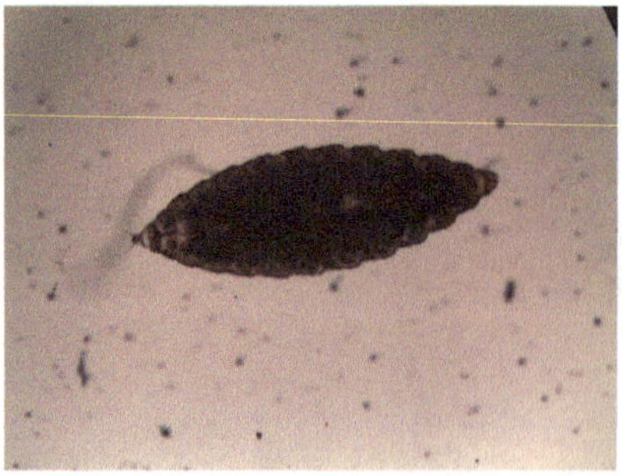

附图20 昆虫纲（Insecta）双翅目幼虫（Diptera larvae）粪蚊科（Scatopsidae）

特征描述：双翅目幼虫（Diptera larvae）粪蚊科（Scatopsidae）大多为食菌性或食粪性。生活在植物残屑中或粪便中。有些寄生，世界广布型。虫体短小，由各种突起（在最后2节成对的侧突起）和刚毛覆盖。虫体长2 ~ 7 mm。虫体的颜色从黄灰色到深棕色，也有一些种类呈暗灰棕色。

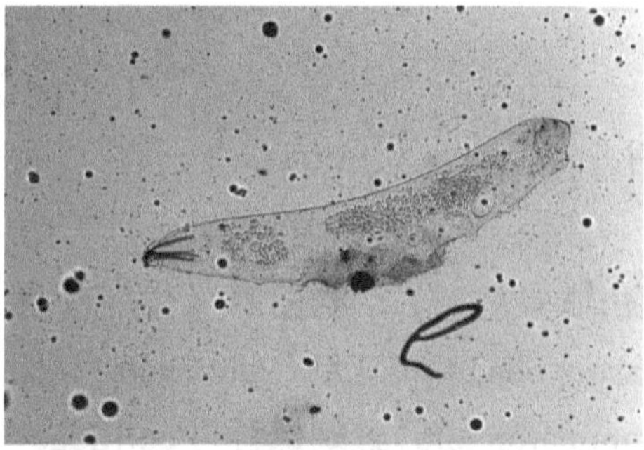

附图21 昆虫纲（Insecta）双翅目幼虫（Diptera larvae）

特征描述：见附图20。

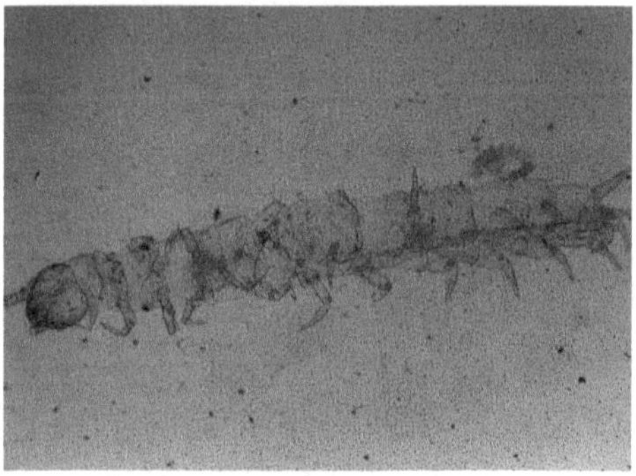

附图22 综合纲（Symphyla）幺蚰科（Scutigerellidae）

特征描述：口器具有1对大颚和2对小颚。头部由合缝分成断续得当的3片，不成对的单片在前面，而成对的在中间和后面，头侧出现1对感觉器——触角后感觉器。仅有1对气门在头侧，左右气管之分支不具螺纹，也没有左右连合。有1对触角，各自分许多节，呈简单的线性，而顶端具有1个，多至3个特殊的感觉器，每一感觉器具有4个瘦长的小棒。身体外皮柔软，有几丁质，但不具有含钙质的沉积物。背板数多于12对步足的数目。背板分作主背板，常常具有各自的1对长触毛。在主背板之间插进无足的不同数目的间体节，因此也具有间背板。不同科有不同数目的简体节。第一步足（属于第Ⅰ体节）有时不发育。在各对步足上，由第Ⅱ体节的步足开始出现2个基节器、外刺针和内小囊。少数属的第一步足也有发育；步足由基节、前股节、股节、胫节、跗节和前跗节组成；前跗节呈双爪形。生殖器官在第三对步足和第四对步足之间开口，称性孔。在身体后端外侧有1对盅毛，顶端有2个长大的针突具有纺绩腺的出孔。

附录2　软体动物门（Mollusca）

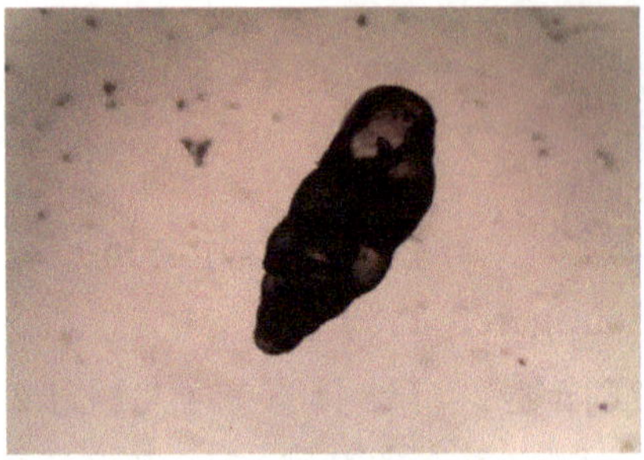
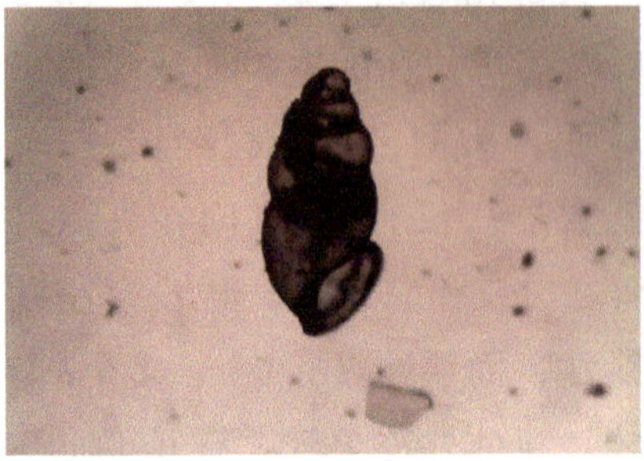

附图23（左上）　**附图24**（左下）腹足纲（Gastropoda）肺螺亚纲（Pulmonata）柄眼目（Stylommatophora）虹蛹螺科（Pupillidae）

特征描述：腹足纲（Gastropoda）通常具有外壳，一般具有厣。头部仅有1对触角。通常为雌雄异体。侧脏神经连索左右交叉呈“8”字形，故名扭神经类。本鳃简单，常位于心室的前方，故又叫前鳃类。

肺螺亚纲（Pulmonata）的特点是鳃缺，壳口无厣。在外套膜壁上密生血管网，似肺，可营呼吸作用，故又称为肺螺类，一般具有螺旋形贝壳，有些种类贝壳退化成1盾板，如蛞蝓科的种类，少数种类无贝壳，如嗜黏液蛞蝓科的种类，侧脏神经连索不交叉呈“8”字形，因各神经节集中于口球附近一侧，脏神经连索无交叉余地，故也称为直神经亚纲（Enthynenra）。所有陆生肺螺类虽无厣，但可分泌黏液即膜厣封盖壳口。本亚纲大多数种类生活在淡水和陆地上，极少数种类生活在海洋和咸淡水中，如网纹螺属（*Amphibola*）的种类，水生肺螺类具有1对触角，陆生肺螺类有2对触角。按其眼的位置，又可区分为基眼目和柄眼目。齿舌具有中央齿，无数的侧齿和缘齿。一般为雌雄同体，但常为异体受精，也可以单体繁殖。

柄眼目（Stylommatophora）：所有陆栖肺螺类皆为柄眼目，每一个体头部具有2对触角（大触角或后触角；小触角或前触角）。大触角具柄，位于后触角顶端。触角能内外翻转和伸缩，故称之为柄眼目。雌雄生殖孔皆为共同孔。

虹蛹螺科（Pupillidae）：贝壳小型，有多种形态，一般壳高大于壳宽。

在壳口的齿常变化，大多数为长卵圆形。口缘有或无折。动物具有小的下触角或有时缺乏。齿舌形状和数目有规律，侧齿通常具有1个外侧小齿。壳口内齿大多数较弱，中央齿具3个齿尖，侧齿具2个齿尖。无尾腺和环纹。跖足纵向不分割，动物背部上具有不太明显的皱纹。下触角发达，较短。生殖孔位于右触角后下方。雌性生殖管和泄殖腔无附属器官。阴茎上具有收缩肌，并具有许多复杂构造的附属器官。卵胎生，阴茎基板有1个盲囊，前列腺由许多小叶组成。壳口内除各种板和皱褶外，还有其他小齿，如角状小节、上轴缘板、缝褶、亚壁褶、腭褶等。本科种类较多，已报道27属和亚属。为大陆型种类，广泛分布于世界各地。

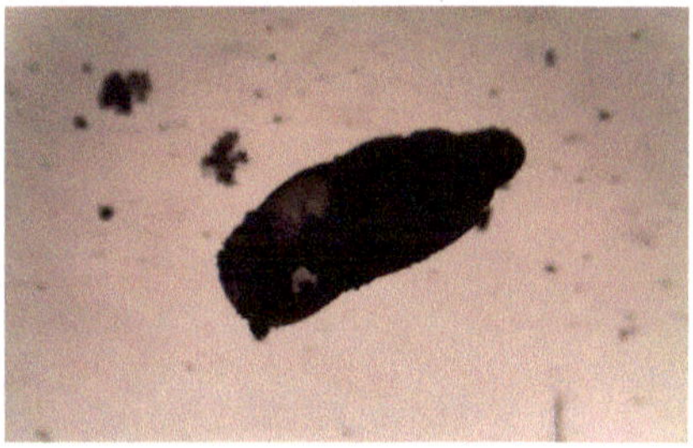

附图25 肺螺亚纲（Pulmonata）柄眼目（Stylommatophora）钻头螺科（Subulinidae）

特征描述：钻头螺科（Subulinidae），贝壳较小，呈小塔形或圆柱形。壳质薄，半透明，黄褐色或具有黑褐色条纹，有时还有“Z”形条纹。螺旋部较高，壳顶尖、细长。齿舌中央齿狭窄细长，侧齿有外齿尖，也常有内齿尖。脐孔狭小。壳口呈卵圆形，外唇薄而锋利。轴缘扩大，笔直。壳口内无齿。全世界已知有80属和亚属。

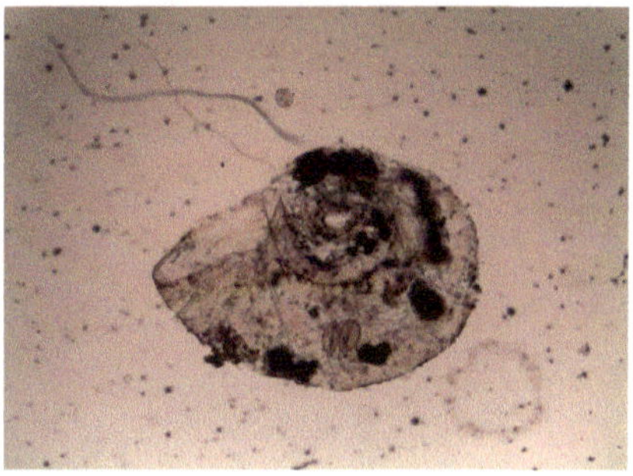

附图26 肺螺亚纲（Pulmonata）

特征描述：见附图23。